醒脑力

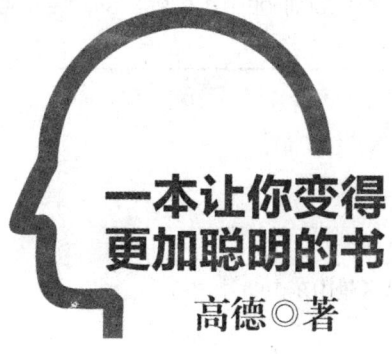

**一本让你变得
更加聪明的书**

高德◎著

台海出版社

图书在版编目（CIP）数据

醒脑力：怎样有逻辑地让人变得越来越聪明 / 高德
著 .-- 北京：台海出版社，2020.1
ISBN 978 7-5168-2489-4

Ⅰ．①醒… Ⅱ．①高… Ⅲ．①逻辑思维－通俗读物
Ⅳ．① B804.1-49

中国版本图书馆 CIP 数据核字 (2019) 第 251248 号

醒脑力：怎样有逻辑地让人变得越来越聪明
XINGNAOLI: ZENYANG YOU LUOJI DE RANG REN BIANDE YUELAIYUE CONGMING
著　者　高　德

出 版 人　蔡　旭
责任编辑　武　波　徐　玥
版式设计　梁雅杰
装帧设计　王玉美
- -
出　　版　台海出版社
地　　址　北京市东城区景山东街20号
邮　　编　100009
电　　话　010 － 64041652（发行、邮购）
传　　真　010 － 84045799（总编室）
网　　址　www.taimeng.org.cn/thcbs/default.htm
电子邮箱　thcbs@126.com
- -
发　　行　全国各地新华书店
印　　刷　北京欣睿虹彩印刷有限公司
- -
开　　本　710毫米×1000毫米　　　1/16
字　　数　190千字
印　　张　14.5
版　　次　2020年1月第1版
印　　次　2020年1月第1次印刷
- -
书　　号　ISBN 978-7-5168-2489-4
定　　价　46.50元

引

当思维方式成了习惯，当习惯积累成性格，并融入人的气质、个性与外在的形象。我们的人生观、价值观便构建成形了。这是因为，人的命运归根结底都是由他的思维方式所决定的。无论哪一种因素都不及思维对命运的影响重大。换句话说，我们的过去、现在和未来就藏在大脑之内，由你自己掌控。

关键在于，你如何才能找到真正的自我。

衡量一个人能否在他的一生中取得成功，至少活得不那么糊涂，重要的标准是什么？不是看他坐到了多高的职位、赚到了多少钱，而是要看他的思维逻辑。具体表现，就是做人和做事的态度，制订计划和解决问题的方式方法。

所以，成功人士与失败人士之间普遍的差别就是：

1. 成功人士的头脑始终是积极的，心态是乐观的，他们的思考是一条向上的逻辑曲线。

2. 失败者则正好相反。他们消极，悲观，始终在向下走，直到触底。

这个世界从来都是——生活不如意怨天尤人者众，眼光长远能干大事者寡。

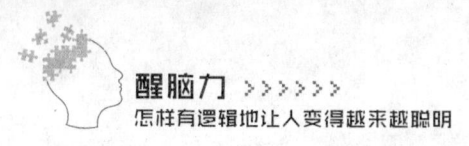

于是我们看到，一些人总喜欢到处喋喋不休地说："我的境况全是别人造成的，邻居、朋友、老板、同事、客户甚至亲人都不是好东西；我生存的环境太糟糕了；上天不睁眼，没有好运气，机会全让别人抢走了。"

说来说去就是一句话：环境决定了他们的人生质量。这类人从不内省，也不寻求突破。他们常常认为情况无法改变，只能接受现实，并整天在愤怒、恼恨和嗟叹中度日。可事实是，即便环境对他真的有那么一点苛刻，也是由他自己造成的。他有没有想过自己的态度对周围的环境造成了什么样的影响？也许人们远离他，正是由于他这个人实在太悲观了。为了不承受他的抱怨，那些想帮助他的人才会敬而远之。

如何看待人生，完全由你自己决定。在 20 世纪那场伤亡人数多达上千万人的第二次世界大战中，侥幸从纳粹集中营存活下来的弗兰克尔曾经说过："在任何的特定环境中，我们都有一种最后的自由，那就是选择自己的思维方式。"

不过，现实中最常见和代价最高昂的错误是什么？恰恰是我们主动抛弃了这种自由。人们认为成功依赖于自己并不具备的东西，比如天赋或运气。但实际上，正如弗兰克尔的观点，成功的要素就在我们自己的头脑之中。

成功，往往就是你在恰当的时机采取了正确思维的结果。

积极的思维，让我们的事业有成；消极的思维，则促成相反的结果。一个人可以飞多高，做成多大的事情，多数情况下并非缘于其他的因素，而是由他自己的思维方式所决定的。思维逻辑主宰了人的心理、情感乃至精神环境，也决定了我们有多少胜算，以及人生质量的高低。

把毛毛虫绕着花盆围成一圈，同时在花盆内放上它们爱吃的松针。你会看到什么？毛毛虫不断地沿着花盆转圈，一直转到它们因为疲倦和饥饿而死去。尽管食物近在咫尺——就在它们眼前，但是由于后面的毛毛虫只知道跟着前面的虫子向前走，从来就没想过这是为什么、有没有别的吃到美食的方法，就只能一起饿死在爬行的路上。

毛毛虫死于它的思维，你想做勇敢前进却糊涂至死的毛毛虫吗？

心理学家把一只黑猩猩关在了一只铁笼里，并在铁笼的外面放了一串香蕉。对猩猩来说，这是美味。它出于本能，极力地想吃到这串香蕉。但它只知道对着香蕉的方向伸手，不停地向前挤，可每次都被铁笼挡住，还差点挤破了自己的脑袋。其实，只要它掉转头向后看一眼，就会发现铁笼有一个小门。它打开这个小门，就能走出铁笼，吃到美味的香蕉。

为什么它想不到呢？你平时有没有一些行为像极了这只铁笼里的猩猩？

不要以为只有动物这么蠢笨。在现实生活中，我们经常会犯下这样的思维错误，甚至引发了非常严重的后果，比如某个错误的选择会耽误我们的一生、会与最心爱的人擦肩而过、会丢掉一份自己向往的工作、会与平时最要好的朋友反目成仇、会错过一个商场上的天赐良机……诸如此类。更多的时候，我们犯下的错误并没有引起自己的重视，因此也就觉察不到思维上有什么问题。

很多人郁闷地发现——他在学习中非常认真，别人晚上 9 点就睡觉了，他挑灯夜战到凌晨；别人每天只读半小时的英语，他大声地背诵两个小时；别人一下课就出去玩，他连 10 分钟的休息时间都不错过。但是成绩仍然很差，总是被那些看起来根本不怎么学习的人甩在后面。这是为什么？

还有些人恼怒地说——他对待工作兢兢业业，执行力强，忠诚，总是第一个加班；替老板保守秘密，是同事眼中的热心肠，是上司跟前听话的下属，是最好打交道的朋友。总而言之，他像老黄牛一样兢兢业业，付出了全部的心血，但就是没有多大的成就，升职加薪的好事也总绕着他走。这又是为什么？

我们不难发现身边总有这样的现象。毕业于同一所大学、同一个专业的人，起跑线也是相同的，最后的命运却有天壤之别。有的人功成名就，有的人却潦倒落魄。在同一家公司上班的人，做着相同的工作，有的人得心应手，游刃有余；

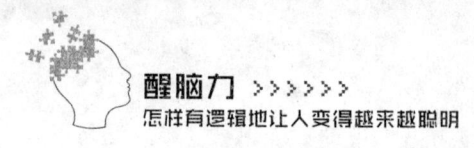

有的人却举步维艰，总会成为裁员的对象。

虽然人们的命运各有各的不同，但在本质上，却都是由思维逻辑决定的。缺乏正确的思维方式和思维逻辑，是一些人命运坎坷的根本原因。成功者具有创造性的思维，他们创造性地看待现实，对待未来；失败者却只有僵化的思维，他们浪费了自己拥有的好条件、好资源，将学到的知识事倍功半地消耗在了错误的想法中。成功者从来都不是最勤奋的，也不是知识最渊博的，而是最擅长利用自己优势的人；失败者却往往都有一个勤奋的美名，但他们却没有获得什么回报。

做任何事情都是这样，假如一个人不是思维能力出现了问题，不善于思考，也不敢于创新，可以肯定的是，不管他有多么丰富的学识、聪明的大脑，或者自诩有雄厚的背景，对他的人生都不会有实质性的帮助，他即便再怎么勤奋刻苦，也不太可能取得辉煌的成就。只有那些眼光敏锐、思维活跃，同时还具有独立思维和创新精神的人，才有可能获得一定的成功。

这就是本书要告诉读者的，你不要觉得自己是天才就可以在这个世界上如鱼得水，也不要嫌弃自己脑子笨而自暴自弃——控制命运的是思维，设计行动的是思维，掌握你人生每一天的也是思维。

当你认识到这一点时，就迎来了命运的转机。

在近十年的工作中，我们研究了全球几千位企业总裁和各行各业的成功者，从他们身上总结出了一些基本的思维特征：

1. 思维的自信：他们在思考问题时普遍具有强大的自信心，甚至会在某些时刻展示出自己咄咄逼人的一面。他们普遍优势心理明显，且擅长发挥自己的优势。

2. 思维的效率：他们不会将自己宝贵的精力浪费在琐碎无聊的事情上，而是集中资源去做最重要的事情。抓大放小，高效的工作和生活，是他们一贯的作风。

3. 思维的务实：他们不管是思考还是做事，都脚踏实地，按部就班，步步为营。每一步都走得很扎实，也不会未经论证就冒险、冲动、盲目地投入。为了取得实际的效果，他们也不会计较虚名，而是十分务实地走好每一步。

4. 思维的冷静：他们活得简单朴实，从不抱怨，情绪稳定。在遇到困难时，总是冷静地想办法，把问题一点点解决掉，而不是发牢骚或怪罪他人。

5. 思维的创新：他们喜欢挑战，更喜欢创意，也能够承担重大的责任。无论是面对生活还是工作，他们的思维总是活跃的，想法层出不穷，并能从创新的过程中获得无穷的乐趣。

6. 思维的执着：他们能够坚持正确的观点，执着于自己的决策，从来不会让自己听命于他人。命运必须把握在自己的手上，他们明白这个道理的重要性。因此，当他们决心要做一件事情时，就一定可以坚持到底，直到取得成功。

总的来说，这些优秀的品质，决定了他们必然会取得成功。我们要像成功人士看齐，就必须首先学习他们的思维，看看他们是如何想问题的，然后再决定自己做什么、如何去做这样细节性的问题。只有具备了优秀的思维逻辑，我们才能拥有成功的人生。这就是本书希望与读者分享的。

目 录

第一章

动机——思维的内动力

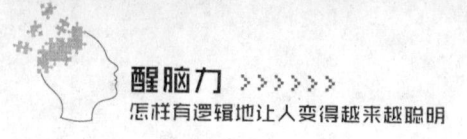

思维的开关：动机

　　人们都知道思维无比重要，但有多少人懂得思维需要一个开关？又有多少人明白这个开关几乎决定了一个人思维 90% 的部分？

　　在讨论逻辑思维时，我们无法回避"动机"。它是一个大麻烦，因为任何人的思维模式总是抹不掉动机的影子。没错，"我想干什么"以及"我想怎么干"是如此的重要，它是大脑中的一段初始代码，决定了后面的所有工作。

　　在心理学上，动机一般被认为是行为的发端、方向，并且决定了行为的强度和持续性。隐藏在行为后面的，就是围绕动机展开的一系列思维工作。为了实现某一个目标，我们要设计方案，制订计划。这时，高级思维就开始了。

　　聪明的管理者也喜欢而且非常擅长使用动机来激励员工——这在组织行为学中特别明显，为了激发员工的工作动力，我们给予他们一定的精神鼓励和物质奖励。在诱惑面前，他们产生更强的内在驱动力，朝着所期望的目标前进，在实现他个人动机的同时，也满足了管理者的需求，实现了团队的目标。

　　这很好理解，也是如此的常见。动机决定了思维的内在过程，并促发行为。这么一说你就更明白了——就像犯罪犯子杰克在打劫运钞车时大脑内所想的那样——我想发财，而且是发一笔横财，用一次冒险改变一生的命运。这个动机决定了他接下来的残暴行为：开枪打死押钞员，在抢劫失败时与增援而来的警察发生枪战，最后横尸街头。

假如他当初的动机稍有偏差，不是"发一笔横财"，而是"通过努力赚一笔大钱"呢？注意，在动机中加入了"努力"二字，思维就会发生天翻地覆的变化。他绝对不会想到要成为抢劫运钞车的歹徒，也不会蠢到当街与全副武装的警察发生枪战。他的命运将会是另一种走向：找一份正经工作，拼命努力工作，通过几年的奋斗晋升到一个不错的位置，有可能拿到百万美元的年薪。

由此可见，引发动机的内在条件是"需要"；引发动机的外在条件则是"诱因"。内在的"我需要"加上外界的"你可以"，就可激活一个人的思维过程，最终将目标付诸行动。

上面我们已经讲到了"需要"，那么"诱因"又具体指什么呢？

驱使一个人产生一定行为的外部因素就是诱因。诱因包括各个方面，只要能够激起人的某种欲望、冲动、决心，让他做出定向的行为，采取明确的策略，这种外部条件或刺激因素就是诱因。

■　**正诱因：使人趋向于接受它并且从中获得满足，这种诱因就是正诱因。**

■　**负诱因：使人趋向于逃避它并且从逃避中获得满足，这种诱因就是负诱因。**

恐怖分子的动机：杀人、破坏、爆炸，让社会对他产生恐惧感。

——逃避社会：负诱因。

医生的动机：救死扶伤。

——拯救生命：正诱因。

教师的动机：传道授业，帮助学生成长。

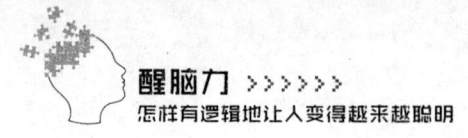
——传授知识：正诱因。

金融家的动机：追逐财富。

——赚钱：正诱因。

政客的动机：获取权力。

——追逐权力：正诱因。

普通人的动机：平安、健康。

——躲避疾病：负诱因。

它们就像形形色色的开关。只要按下它，动机就产生了。思维的分野在这时产生，人与人之间的区别也在这时形成。我们说人和人的不同，首先就是他动机的不同——你想做什么，他想做什么？你们走的是不是同一条轨道，是否拥有同样的动机？

因此，动机相同的人，思维方式也大体趋同；反之，动机有较大的差异，思维也会表现出巨大的差别。重要的是他们的方向和目标，也会由此发生偏差。

人的动机不是恒定不变的，它要在相当长时间内保持稳定，同一种动机驱动一个人数年如一日坚持不懈地思考；但也可能频繁地变化，几天一变，乃至时时刻刻都在发生摇摆，比如全世界的"键盘政治家"们，他们吃早餐的时候还觉得某人是一个令人作呕的总统，半小时后在卫生间又有可能认为"他非常伟大"了。戏剧性逆转的背后是思维的改变，而让思维发生改变的则是他又有了新的动机——

他们的立场变了，思考的角度、追求的东西也就不一样了。

动机形成的过程

动机从来都不是无缘无故产生的，而是与诱因共同组成。两者在不同的环境中结合，产生特定的动机，传达到人的大脑，再由大脑做出决定。因此，动机的类型和方向，抑或它的强度与力量，既取决于这个人需要什么，也取决于诱因的大小和环境的影响。

换句话说，它们都不是孤立的因素。就像每年年底都有很多人从公司离职，他们的薪水千差万别，工作环境也不同，但他们都选择了同一种行为。促成这一动机的原因很复杂，每个人都有各自的算盘——许许多多微妙的因素使这些人最后产生了同一种动机。

调查研究表明，动机的大小还取决于达到目标的距离。如果距离太大，难度太高，动机就会比较微弱；如果距离很近，难度不大，动机就会比较强烈。前者难以实现，后者则可以轻而易举地变成现实。这反映了动机对于行动的激发作用，人们的理想与抱负都有赖于动机的支持，近期目标总是容易实现，远期目标则需要靠更强的意志力来维持自己的动机。

人们天生对成就感的需求注定会产生形形色色的动机，进而影响思维。这就告诉我们，除了目标的价值以外，人们对于实现目标的概率的估计和期待的大小也有重要的研究意义。为什么两个人有相同的目标，自身的条件也在同一起跑线上，最后的成就却有天壤之别？除了运气的因素之外，动机的强弱在其中起到了至关重要的作用。

受影响的不仅是思维，还有价值观

1. 动机最终会形成一个人的价值观。正面的动机形成的是积极的价值观；负面的动机形成的则是消极的价值观。

2. 价值观是人们在生活和工作实践中逐步形成的。它一旦形成，就会相当稳定。因此，人们这一生的价值观往往在十几岁产生以后就稳固下来了，此时为自己培养正面动机是相当重要的。

立场引发的逻辑战

你的立场往往决定了你的思维，而你的动机又决定了你的立场。这个理论一点也不复杂。我们可以举两个简单的例子：

在进行自我定位时

1. 身份定位

"我是 A 的朋友，所以一定要支持 A ！"

"我不是 A 的朋友，所以一定要反对 A ！"

2. 立场定位

"我是受益一方，所以一定要支持这项政策！"

"我不是受益一方，所以一定要反对这项政策！"

在判断一个人的观点对错时

"你从中得到了好处，当然会这么认为了！"

"你没有从中得到好处，当然会反对了！"

所以，要求我们的老板"站在员工立场"总是很难

这实际上要解决的是以什么标准来分析问题、要求别人的问题。你是站在自己的立场上去要求，还是适当地站在对方的立场？很多老板习惯于按照管理者的标准或者优秀员工的标准去要求员工，而员工却没有站在老板的立场上，双方因此就会发生激烈的冲突。当然，这两种针锋相对的立场本来就是一种极大的误区。

原因有两个：

1. 老板对员工的要求总是很高。因此多数下属是难以达到管理者的标准和公司最高要求的，否则每个人都可以获得提拔和奖励。事实上，这个结果从来就没有发生过。

2. 多数员工也不会站在老板的立场上考虑问题，这是由双方的身份定位决定的。员工的立场是："我要赚钱养家，你要发钱给我；其次我才会考虑付出多少努力。"老板的立场是："我要让公司赚钱，你要为公司做好工作；最后我视你的努力程度给你薪水。"

尖锐对立的立场，使矛盾经常不可调和。双方的逻辑冲突看起来没有一点交集，也找不到融合的路径。但是，只要是不那么顽固地坚持自己的立场就可以了。对每个人而言——我们都处在管理与被管理的角色循环中，如果你能理解这种角色与分工，就能够尝试着去理解对立角色的立场。这也是我们必须尝试的。

因此，对老板而言，你一定要把员工当作普通人来管理，而不是只视他为"自己的下属"。后者会让你对员工提出种种苛刻的要求，前者却能带来人性化的思维。把员工当普通人管理，意味着我们对下属的要求应该适当地降低，站在他们的立场上考虑一下：提高工作能力是不是需要一个过程呢？太心急的话是不是会让员工承受巨大的压力呢？

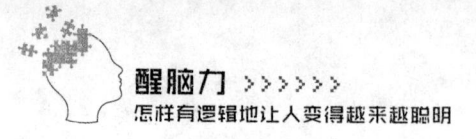
站在员工的立场上想一想，你就会明白，如果一件事情普通人都做不好，那么最有效的办法不是去强迫他们提升工作能力，而是应该降低自己的标准，将工作设计得更加简单一点。比如为何不开发优化工作流程，尽可能地让每个环节变得"傻瓜"化呢？假如公司有这样的需求，这将是双赢的结果。管理者的标准得以执行，员工的工作与管理都可以变得简单。

这些年我常去不同的企业，我经常听到管理者斥责部下"很笨"，痛骂他们是笨蛋，是蠢货；甚至有的老板三句就有一句脏话，员工在他面前很痛苦。我就对这样的老板说："你在思想上把员工当阶级敌人了，那么他们也会把你视为阶级敌人的。你的公司怎么能做好呢？"双方的思维要统一，立场就必须先统一；即便不能真正地统一起来，你也要为彼此建立一个交集。

那些忙着去责骂下属的管理者，他们没有站在别人的立场上想一想，也没有能力让员工理解自己作为管理者的立场，因此双方的逻辑冲突是激烈的，也是难以挽救的。

站在自己的角度来思考，站在别人的立场去做事

我向参加培训的国内一家公司的董事长建议，在制定公司的管理原则时，不妨先对他手下的中层干部进行教导，让这些处于金字塔中间的人去"站在老板的角度思考，站在员工立场做事"。这样一来，他们就真正地成了老板和员工之间的桥梁，使公司的思维通畅起来，实现一个上通下达的目标。

为什么要教导中层干部呢？因为他们在一个大团队的思维路径中，扮演着承上启下的重要角色。他们要向下传达管理层的命令、颁布新规，向上递送基层员工的想法和思路，维护员工利益。这些人如果能拥有两种不同立场互相转换的能力，就等于一个团队具备了让不同角色实现双赢的能力，也使上面的老板和下面的员工不再时时刻刻发生立场上的冲突。经过长时间的培训和磨合，

整个团队就能用同一种逻辑进行思考，战斗力和凝聚力也将大大提高。

这既是我们作为管理者的新的思考方式，而且对基层员工也是十分有益的。毕竟，多数人是站在自己的角度思考的。只站在自己的角度上考虑问题，立场就是极度封闭的，也是极为短视的。

■ 如何站在自己的角度思考

要求每一名员工或者每一名中层干部"站在老板或上司的角度思考"的确是很难的一件事，因为他们没有达到老板或者上司的高度。这些人虽对公司忠心耿耿，也有很出色的工作能力，但毕竟不在其位，很难充分地体会与琢磨老板的立场，于是也就很难从他们的角度思考。

那么，能不能换一种折中的方式——站在自己的角度思考？但行动时却站在别人的立场上？我认为这是可行的。这要求你具备双重思维——考虑自己的利益，同时也用行动为别人创造利益。

只要你照这种方式去做了，总比什么都不考虑、什么行动都不采取效果要好。对此，我并不主张人们都去揣摩他人的心思，而是让你明白如何在行动之前洞察别人的立场，并站在对方的角度考虑问题，然后发现一个最有利于你的思维角度。

■ 如何站在别人的立场做事

这一条更加困难。没有人愿意真心实意地站在别人的立场去做事，是不是？即便你精于此道，恐怕也是口是心非，不会那么心甘情愿。

最好的方法是为自己树立"工作简单化"的思维，明确这么做的原则，然后毫不犹豫地去执行。不要想得太多，因为越复杂就越影响我们的工作效率，也就越让人怀疑你的真实用意。行动越简单，立场越清晰，你就越容易获得别人的信任，并用肢体语言客观地表现出来。

在说什么不重要，想要什么很重要

我们去看一个人，他说什么不重要，做什么也不重要，他想要什么是重要的。"想要什么"决定了他的动机和立场，表现出的是他的真实想法。

对一个聪明的人来说，首先应该做到的一点是独立的思考；另外也要了解世界其他的地方所发生的事情，不能孤陋寡闻。这个道理每个人都知道，不是吗？但除此之外呢？你了解了全世界，那么了解你自己吗？

就拿我自己来说，这 20 年来，我从中国到新加坡，又到美国。有幸进入了联邦调查局，认识了哈罗德这样的上司，学到了这个世界上最高级的智慧。我几乎总能在第一时间——比多数人更快地弄清别人在想什么，懂得别人想要什么。同行都为我退出联邦调查局感到惋惜，认为我应该继续从事情报分析和审讯工作。

这是一个理想的职业。我一度也是这么认为的。但直到最近几年，我才突然意识到：原来在过去相当长的时间内，我做的事情并不是自己想要的。我了解了世界，能够预测人的行为，但我对自己的内心却缺乏体察。

独立思考的本质就是了解动机。任何一件事情的动机，包括自己的心理动机。成功实际上没有一个固定的、一成不变的模式，不过有一条是不会改变的，那就是学会分辨现象和本质上的差别。曾经有人问一位著名的科学家："所有的诺贝尔获奖得者有什么样的共同点？"他的回答是："什么共同点都没有，连智力上都没有共同点。"

如何理解这句话？

他想告诉人们的是——诺贝尔奖获得者的智力也是不均等的，他们也不都是很聪明。事实恰恰相反，他们中的很多人可能还有智力低下的缺点。但为什么这些人能够成功呢？因为他们善于独立思考。很多因素共同作用让一个人获得了成功，其中有一个因素是至关重要的——你必须是一个独立思考的人。

当然了，如果你不光善于独立思考同时还富有智慧，那就更好了。这说明你懂得如何分析世间人情，能看到一些言行的本质，知道别人在说什么的同时又在想什么，也知道怎样才能为自己找到一条正确而有效的思考方式。

对"自我动机"进行独立思考和独立判断

即便对自己的动机，有时我们也难以在第一时间清楚地判断。这就是为什么很多人之所以工作六七年了，仍然不确定这是不是他喜欢的工作；有的人结婚十几年了，仍然不敢肯定自己是否找到了一生最爱。

我在国内读中学时，算不上一个好学生。中学毕业成绩很差，勉强考上了大学，而且差几分就名落孙山。后来我分析原因："我是一个聪明人，至少智商不是太低，和那些学习很棒的人比起来，我看不出哪些地方落于人后。可是为什么我的成绩这么差呢？因为我学习了太多自己不感兴趣的东西，这不是我的动机，却耽误了我太多时间，比如我的数学成绩很差，是因为我完全不喜欢数学；我的化学也一般，是因为我一听到"化学"这两个字就头疼。和我比起来，那些成绩很好的同学没有决定性的智商优势，但与我最大的区别是，他们对这几科很感兴趣。"

事实难道不是如此吗？真相正是这样的。当你不能独立思考与判断"自我

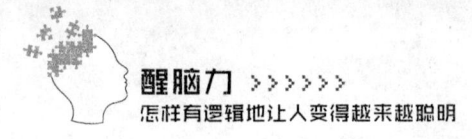
动机"时，就像学习一样，你会浪费大量的时间尝试那些模棱两可的东西。短时间内，还会产生一种假象，就好像它们是你想要的。过了很长一段时间以后，你才恍然大悟，发现自己居然走了这么长的弯路。

爱因斯坦在自己刚到美国时，很多好奇的美国人都向他提问题：

先生，你知道声音的速度是多少吗？

你如何做才让自己记下了这么多的知识？

你的方法是什么，是将所有的东西都记在笔记本上并且随身带着它吗？

你是不是经常查阅自己的笔记本，以便随时回答人们的问题？

美国人对爱因斯坦有如此强大的思维和智能感到好奇，以为他有什么独特的方法。但爱因斯坦却笑着回答道："我从来不带笔记本，也不带其他什么东西，我的方法就是经常使自己的头脑轻松，把全部的精力集中到我所要研究的问题上。至于你们问我，声音的速度是多少？我倒是很难马上就回答你们，必须查一下资料才知道具体的数字。因为我从来不记这些资料上已经有的东西。另外我告诉你们，宝贵的记忆力应该用来记那些资料中没有的知识，这才算把我们的智慧用到了正确的地方。"

这使美国人感到十分惊奇，同时也大受启发。这恰恰就是爱因斯坦成功的重要原因——他不但有非凡的独立思考能力，并且非常重视对这种能力的培养。独立思考的能力让他可以明白自己的所想，清醒地支配自己的"所行"，不会像普通人那样言行不一致，在动机与行动之间方寸大乱。

想得明白，你才能"做得明白"

这是我经常挂在嘴边的话，也喜欢在培训中不断地告诉学员："先想明白，再采取行动，以免付出不可承受的代价。"

如果你连"想"都想不明白，又如何保证自己行动的正确呢？那么你的做也一定是错误的，或者与动机有偏差。往往做到最后，走到了终点，才突然发觉自己根本就没有做对过一件事。

1. 你要先思考如何细致地规划好自己的未来。

2. 你要先确定自己未来的角色，在这一点上绝不要含糊，必须在开始时就把它搞清楚。

3. 你要先明确自己希望成为什么样的人。

4. 你要先确定大的方向和目标，然后再把目标缩小，逐步地制订阶段性的计划，思考每一个行动步骤。

5. 你要将比较大的目标放到最后，想清楚一个最终的计划再采取明确的行动。

让你的头脑思维和人生逻辑就这样保持下去，我们大的人生方向和工作目标不会改变，但与思维有关的部分却会变得清晰精确起来。得到提升的是思维细节，它可以根据实际情况做适度的调整。重要的是，我们重新认识了自己的动机，然后再去决定自己的人生方向，并坚定地走下去。

在实现的道路上，你会遇到很多问题。一定是这样的，没有什么重大的目标是一帆风顺的，但只要有信念，我们就一定可以创造思维的奇迹。

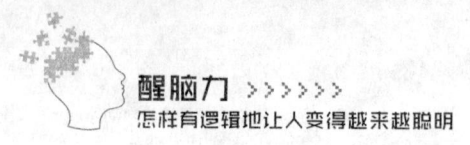

发现原始动机

你要明白每个人行为背后的原始动机，以及他们的真实"需要"。它们经常藏在厚厚的云雾之中，或者被包裹在面纱之内，不会被你轻易看见。

你也要重新认识和找到自己的原始动机，找到自己的真实需求。这种向内的审视比向外更加重要，因为这可以帮助你理清自己的方向，回答一个至关重要的问题：

"之前我做的事情有意义吗？"

"我现在做的，仍然符合我的初衷吗？"

今天，很多人的内心都充满了挫折感，他们妄自菲薄。尽管仍在扮演一个努力奋战的角色，就像机器一样不放过每一分钟。但事实上，他们的内心充满了无力感，也找不到自我价值实现的感觉。具体来说，这些人觉得自己的潜能已经用尽了，勇气也在逐渐消耗干净。

1. 心中困扰，因为没有适当地表达自己的生活，也没有满足自己的需求、实现自己的计划；

2. 与外界的冲突很多，这源于他认为自己没有得到尊重，处处都是不合乎他心意的事情，充满矛盾的关系，使他无法自然地流露情感，只能发泄内心的不良情绪；

3. 在层层的面具之下，充塞在他胸中的是不被了解、寂寞、受挫感、愤怒、愧疚、焦虑、自怜等感受，他发现自己完全背离了当初的想法，人生的初衷没有一个实现。现在，他只好把自己真正的愿望埋在心底，过着自我压抑的生活，消极地应付工作，因此对人生充满了强烈的失望；

4. 他还可能逐渐失去了信心，思维的活跃度消逝了，乃至人性都开始扭曲。他不再保有童真，也不再像当初那般善良、热情和充满斗志。他失去了信心，也开始推卸本该担负的责任。

什么时候我们产生过上述想法与感受呢？我相信在不同的年龄段，人们都有类似的体验，进而有头脑乏力与思维匮乏之感。面对这种困局，我们该如何思考，怎样找回当初的动机，点燃当初的激情？

你要先了解自己及他人的个性，清楚地知道自己和人们的倾向、偏好。更重要的是——我们必须明白每一个人的一切行为背后的原始动机和他们的真实需求，以及为什么一个人的动机会发生变化。这会让你知道人最真实的智能源头和思维的动力。

■ 人们的想象经常与现实混淆

这种现象大多发生在青春期及 30 岁之前的人身上。他们经常会将自己的想象与身边的现实混淆在一起，有的甚至早就遗忘了自己的原始动机："我想做什么来着？已经想不起来了！"或者类似的感叹："我早就迷失自己了，忘了当初的美好愿望。"出于对现实的不满，他们开始夸大并形象化自己的内心愿望，然后将它们中的一部分过渡到现实之中，就好像自己已经实现了愿望一样。

有的人看到竞争对手实现了工作目标时也很高兴，常会产生一种"我的目标已实现"的心理体验。这并不是他在欺骗自己，而是真的有这样的感觉。通过这种方式，他们的潜意识向自己的动机做出交代。

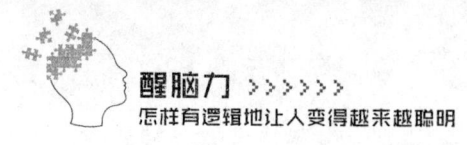
▨ 他在取悦你

有的人在做事时不仅想做好——他有这样强烈的愿望，但在很大程度上，其实他只是想让你高兴，从而得到你更多的奖励或者给他创造更好的生存空间。这就是为什么只要老板亲自交代的工作，员工做起来会更加卖力的缘故。

他们真的是想做好吗？未必。只是由于你希望看到一个好的结果罢了。这种微妙的心理差异，暴露了员工的原始动机——讨好与取悦老板是员工的天性，你不必对此感到意外。就像孩子在考试结果不理想时，为了不让父母失望，会用"考得还可以"这样的话语来取悦家长一样。双方的心理是共通的。

▨ 引起人们对他的关注

还有一些人不会表达自己到底需要什么，也不清楚自己的动机，于是就可能会用一些"谎言"来尝试表达："亲爱的，我一个人很怕黑！"——其实她只是想让你陪着她。"亲爱的，我这里疼，你摸摸看！"——其实她是想和你亲近一下。通过一些行为来引发关注，这是每个人都曾经有过的动机，由此产生思考和各种各样的行为。

▨ 他想逃避惩罚

这是人们最真实而且比较天真的想法："如果不做点什么，我的错误就被发现了。"动机是让自己躲过"一劫"，在此基础上去欺上瞒下，造假说谎，让别人以为他没有犯错。

▨ 摆脱控制

人们都有摆脱别人控制的本能，比如小孩看电视正在兴头上，听到父母催促自己写作业时，张口就说自己写完了，而不是诚实地告诉家长自己不想写。

因为后者往往不被接受，所以为了摆脱控制，只能说一些不着边际的谎话，做一些更加错误的事情。

■ 虚荣心的动机

人们之间的攀比——比如闺密之间的购物大赛，原始动机并非由于她们真的需要这么多衣服或者需要那些名贵的鞋子、项链，而是虚荣心在作祟：

"我一定要比她强！"

"我必须压她一头！"

为了能赢，人们付出很多额外的代价，但还得装作无所谓的样子："这没什么，我有的是钱。"别人有的东西，他们一定要有更好的；别人没有的东西，他们也要弄到手，才能使自己的内心感到满足。当一个人的动机被虚荣心捆住时，我们去探讨他的理性思维是否理性就失去了意义。

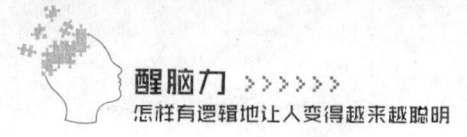
盲性思维——没有方向盘的人

我们知道有很多人患有一种叫作色盲的疾病。他们对某种或某一些颜色分辨不清，这是一种先天性色觉障碍疾病。盲性思维就相当于色盲，它们在特征上有相当多的类似——那些对思维缺乏方向感的人，就是思维盲性的人。

■ 思维盲性的人不善于讲道理。他们有的还喜欢用谩骂攻击别人，而不是平心静气地沟通或辩论。

■ 他们经常表现得自相矛盾。问题稍一复杂，他们就逻辑混乱，毫无头绪可言，失去最基本的思考能力。

■ 他们在行动时欠缺考虑。对行动他们没计划可言，冲动性强，不顾忌后果，某些时候甚至会歇斯底里，采取过激行为，丧失自制能力。

盲性思维是引起一些悲剧性事件的原因之一，比如凯茜，她是居住在洛杉矶的一个女孩，今年只有 25 岁。凯茜向来不清楚自己需要什么，她在大学谈了四次恋爱，每次都维持不到两个月。谈及爱情、婚姻或家庭这些问题时，她总是很茫然，不清楚自己到底要追求什么，也不知道未来何去何从。

工作后，她很快遭受到了沉重的一击。凯茜又交到了一个男友，爱得死去活来，很快就同居到了一起。她无比相信他，他说什么就是什么，她对他从来都是言听计从，没有丝毫怀疑这个男人的动机。这就是凯茜，她缺乏分辨能力，想问题和做事经常盲目行动，形同失去方向感的蚂蚁。

最后，她果然被这个男人欺骗，盲目地成为证券市场的投机客。他制订了一份投资计划，前景美好，收益很高，但却需要融资。凯茜成功地被欺骗了，四处为他借钱。最终这个男人卷款逃跑，两天内就跑到了南美洲，从此销声匿迹，只留下凯茜一个人痛哭流涕。在这场骗局中，她不但赔掉了全部家当，还欠下了约 80 万美元的债务。

凯茜觉得自己一生都还不上这些钱，于是就在一个雨夜自杀了。在自杀前，她写下了长达六千字的遗书，对自己口诛笔伐。她彻底放弃了自己，去了另一个不需要思考的世界。

实际上，州检察官说："她的男友要负更大的法律和赔偿责任。"从法律意义上来说，凯茜其实是没有责任的。就连自己人生的最后时刻，凯茜仍然摆脱不了盲性思维的致命缺陷！

对思维的盲性，现实中很多人并不太了解，因为它不像一些疾病似的经常会表现出来；而是隐藏在我们的头脑内部；它也不像一些心理问题，只需要去看心理医生就可以解决。相反，它既不易发现，又不易解决。除非我们可以使自己的头脑产生颠覆性的思维活动，在思维的拐角处突然发现那个打开百宝箱的钥匙。

美国国家航空航天局有一次发现，航天飞机上的某个零件故障频出，耗费大量的人力物力都没有解决。怎么办呢？工程师们绞尽脑汁，也想不出一个绝妙的办法。但有一个工程师最后站出来，提了一个新的想法："我们能不能不要这个零件呢？"

人们目瞪口呆。因为他说得很对，事实证明这个零件确实是多余的，把它拿下来对航天飞机没什么不良的影响。

这就表明，在我们的思维中——哪怕是那些智商很高的人，也会经常出现一些盲点，属于思维的盲性区域。这导致人们不仅没有思考的方向感，也经常陷入钻牛角尖的困境之中。而创造性思维就是专门来消灭这些盲点的。

杜绝思维盲性的黄金钥匙，就是打造创造性的思维。所谓创造性，有时并不一定是必须想到多么高明的主意、突破多么坚固的思维关卡。在很多时候，创造性思维提出的解决办法是人们已经知道和了解的，但问题在于他们都没有意识到这些方法才是最有效的。就像一条小路是登山的捷径，就在我们面前摆放着，但却没有人注意到。

打个比方说，你大学毕业，现在手里有一百万元存款。当然，这个钱可能是你凭借自己的能力做了一些项目、策划或者做其他生意赚到的，也可能是父母给你的"基金"。钱到手后，你就有两种选择。也可以说，你的脑海中会闪出两种念头：

第一，把一百万元拿来开公司，将生意做大。10年后你的身价达到了一千万元，那时你可以买一栋别墅。房子的梦想就圆了，同时你的财富达到了以前的10倍。

第二，把一百万元拿来买房，不去管什么生意。买了房子以后，就找一份工作当上班族。10年后你除了有一套升值后约一百二十万元的房子和二十万元存款，再也没有别的。

你会怎么选择呢？

遗憾的是，现实中超过99%的人，都会毫不犹豫地选择第二条道路。他们对买房的冲动超过了一切，会不顾一切地先把房子买到手，然后再谈别的。他们可能认为这才是人生的圆满。至于第一条道路指出的辉煌前景，因为不是现实存在的，或者说不是短时间内就可以实现的，他们并不是很感兴趣。

在我看来，这就是一种盲性思维的表现。思维决定命运，但选择又体现我们的思维。选择是思维的结果，也是一念之间的意识倾向决定的。这恰恰说明人的命运是动态的，也是在不同的一闪念之间由我们的头脑所决定的。

那么，为什么现实世界中的多数人时常处在"盲性思维"状态呢？

1. 思维盲点总是存在

我们在思维的过程中，经常会无意识地踏入一些陷阱。这个陷阱是我们自己的意识早就挖下的，结果就是用一个坚固的思维的笼子困住了我们自己。我们走进去，就很难再走出来，比如你只要打定了主意——第一个闪出来的念头就会像一个开关，只要打开了，它就形成了一个意识指向和思维的路径，让你冲动地一直走下去。除了这条路径外的所有区域，就成了一片盲区。无论那里面有多么精彩的美好事物，你都很难正视它。

思维盲点在我们的头脑中总是存在的，难以彻底消除。你只有一个正确的选择：及时发现它，然后绕开它。

2. 思维惯性不断地形成

生活的本质是什么？就是无数的习惯的集合体。我们每个人都离不开习惯，这其中包括思维的习惯。过去我们思考问题的程序假如成功了，就会被大脑注意并且记忆下来，下次遇到类似的问题时，大脑就会在第一时间调用这些用过的程序，而不是开发新的思考工具。这就是思维习惯的形成过程。

习惯对人们的生活有着很重要的影响。对每一个人都是如此，习惯可能是最好的仆人，帮我们达到新的高度，推动我们不停前进；但同样，习惯也可能成为我们最大的敌人，把我们的思维僵化、凝固乃至锁在最深处，使我们失去分辨与创造的能力。

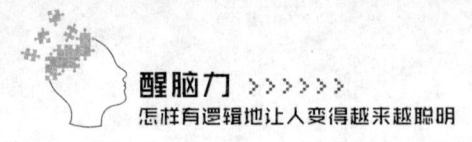

　　盲性思维显然就是指这种惯性思维的消极性，它是大脑偷懒的一种表现。正是由于它的存在，我们在解决问题时才会遇到阻碍，在拓展新领域时才会止步不前。有时，我们不但会受困于陈旧的思维模式，迟迟找不到创新的灵感，甚至连自己最初的动机也失去了，甚至忘记了本来的方向，最终迷失了自己。

　　这时，就不只是思维的停顿，而是人生的停滞不前。因此，想摆脱盲性思维，就得为自己的思考安装方向盘，让方向控制在自己的手中，战胜对思维惯性的"路径依赖"。路径依赖是一条不归路，人们一旦选择了某条道路，就好比走上了一条不归之路，此时惯性的力量就会使他们"一条道跑到黑"。对此，我们需要尽量避免。

统一立场：集体思维的前提

群体的动机决定了群体的行动，最明显的表现就是立场的统一（管理学上称之为凝聚力）。形形色色的组织都在强调团队协作，没有一家公司会拒绝"协作"这个词。但是，你明白它们为何会这么做吗？

尽管一支团队会容忍和发挥成员的个性，但集体思维的本质早就决定了，统一立场才是凝聚力的基础，也是决定团队绩效的重要因素。就像一位老总向我形容的："我可以原谅一个下属经常迟到，但绝不能容忍他在工作中出卖公司的利益。"这就是老板的心思，也是组织的基本动机——每个成员的利益都基于公司，这一立场不容侵犯。

为此，组织不遗余力地增强和捍卫群体思维，使每一名成员都建立和拥有同质性的思维方式，达成近乎完全一致的共识。在管理中，群体思维现象是十分普遍的，这也是企业的追求。不管是负责企业战略制定与实施的高层管理团队，还是负责执行具体项目与任务的基层工作小组，群体思维一直占据主导地位。当然，群体的立场也是统一的。

群体立场是如何统一的

第一，强势成员的思维主导组织：一种群体思维在公司的出现，它的起源

是什么？有时（多数情况是这样）来自老板本人；有时则很可能是董事会（团队或部门）中占有强势地位的成员将自己的思维方式、价值偏好和个人见解强加给了整个团队，让多数成员接受了他的思维方式，顺带也形成了共同的立场。这种情况大多在团队刚成立时就由强势者的特点注定了，很难再发生改变，除非有新的强势者加入进来，双方进行博弈。博弈的胜方将成为团队中的新的强势思维的主导一方。

第二，立场的统一代表着共识：就算有些共识是虚假的，存在着某种程度的谬误和扭曲，使那些与主流意见相左的团队成员感到来自集体的压力，主动的自我调整以避免言行过激和被群体孤立。但从长远来看，立场的统一对团队的成长仍然是有益的。

不管是一个很小的团队还是很大的大企业，如果群体思维的内容可以随时更新，那么占据主导地位的总是一些精英成员。他们的远见和远景可以迅速得到有效的实施与执行，在灌输的过程中成为全公司的共同立场，甚至形成公司的主流价值观。

比如，比尔·盖茨在 1996 年将微软的群体思维从原先的"稳做 PC 王国的老大"在短期内调转为"争当网络时代的技术与产业核心"。与此类似的还有国内的华为，喊出了"让听到炮声的人来决策"的口号，成为它的群体思维升级的体现。根据这一理念，所有的员工都会努力让自己听到"炮声"，否则就很难与公司的发展保持同步，结果就是被淘汰。

个体的动机会被压制

集体思维绝不容许"个体动机"过分壮大。因此，在一个组织中，个体的力量再强，也无法将自己的利益凌驾于团体之上——如果这么做了，团队将面临危机，个体也会遇到不可预料的结局。

群体思维的壮大，一定会导致团队忽略某些重要的外部刺激与不利信息，并且压制某些成员的独特见解和不同声音——不管这种见解是不是有益的，都会本能地打击他。同时，也掩盖了成员间实际存在的利益冲突与意见分歧。它还有另一个重要的作用，就是消弭多样性的思考，使组织的思维越来越缺乏新意。

结果就是，群体中的共识一旦达成，那些被集体否定过的东西即使在后来逐渐被证明是正确的，也很难重新成为组织讨论的议题了。这就是为什么有些优秀的雇员提出的建议在被否决后，尽管公司后来发现了这一点，也继续对他保持不理不睬态度的原因。

第一，公司在压制个体动机时是冷酷而无情的，绝不会有同情和宽待的空间。任何挑战公司共同动机的人，其下场都不会太好。甚至可以说，他将被当作团队的叛徒清除出去，其本人也将被抹上"个人英雄主义"的污点，很难再融入团队。

第二，组织动机与个体动机还存在一个相互选择的问题。你和某一公司的追求是一致的，就很容易融为一体；反之，你的动机与公司发生了偏差，就会分道扬镳，各走各的道了。这一点在面试时就能分辨出来。即便你在面试中蒙混过关，还有一段相当漫长的实习期和考核期，你也很难在追求不一致的情况下长久地立足于公司之中，总会有人把你揪出来，踢出队伍。这也是由团队中的办公室政治和复杂的博弈决定的。

第三，我们应该防范的误区是什么？

当你无法避免为集体统一立场、凝聚所有人的动机时，就注定了你必须包容上述所有的现象，并且制定防范群体思维产生偏差的办法。最大的误区在于，很多公司只注重集体动机，维护集体利益，对雇员的个性过度压制，结果杀死了公司的创造力。

第二章

组织在想什么

定位——组织的动机与逻辑

我与微软公司人力资源部门的主管埃孔在对招聘的问题进行讨论时，他告诉我一个新的招聘方向："培训固然重要，也不可缺少，但对理性的公司来讲，我们更重要的任务是找到那些不需要培训的卓越员工。他们应该是明白人，才能为我们所用。"

"一个组织为什么需要明白人？"

"明白人是指什么人？"

这两个问题一定是你想立刻弄明白的，因为没有人不想当一个这样的"明白人"。简而言之，微软公司希望找到的这种"明白人"肯定不是见风使舵的"聪明人"，而是可以清楚地理解组织所要的人。

组织想让一名员工怎么做，乃至怎么想。但很少有人愿意去想。更多的人选择了与组织的思维进行对抗，比如那些成天在办公室抱怨、吐槽和伺机在公司境遇不佳时逃跑的家伙。他们在该明白的时候装糊涂，在该低调的时候偏偏高调，就像一只骄傲的公鸡。在组织看来，这是捣蛋分子，不是优秀成员。

对组织的要求，明白人不会虚与委蛇，等待观望，或者避到一边的安全角落什么都不干，也不是在组织刮起整顿风暴时不断地算计、预测这阵风刮过去后再继续胡作非为，而是主动与组织的要求挂钩，承担责任，甚至在组织提出要求前，就已经做好了准备。

你遇到过这样的人才吗？或者说，你就是这样的优秀员工吗？如果是，那么恭喜你，你就是组织正在找的那类人，也是具有现代团队思维的卓越人才。

你应该明白一个组织在想什么

华盛顿的一位税务官邓肯先生反问我："企业在想什么？"其实他知道答案。没有人会比国税局的人更清楚企业的本性。在美国，所有的人都不害怕政府。确切地说，都不畏惧联邦政府的绝大多数部门，但没有人不害怕国税局。

邓肯举了一个例子。他说："我们查到了一家公司，它隐藏在旧金山的一个小镇不起眼的六层小楼中。这家企业的规模并不大，只有15个员工，但每年的利润却十分惊人，可以达到32%的净利润，一年有五千万美元。至少是这个数目。但公司成立4年来，只交了不到三百万美元的税。其他的钱都哪儿去了呢？全部通过一定的手法藏了起来，它天生会追逐利润，并且隐藏利润。企业的第一个想法就是多赚钱但是少交税。"

第二个想法呢？与企业对成员的要求有关。所有的组织都要求成员无条件服从——不论是正当的要求，还是不合理的命令，组织希望看到成员在第一时间表示服从，然后毫不犹豫地去执行。组织对执行力特别看重。这就不是邓肯感兴趣的了，他的目标是查税、收税和罚款，对公司内部的博弈趣味索然。

企业的第三个想法，是它永远在逃避社会责任。企业是社会的一部分，但它有凌驾于社会之上的本性。我们现在虽然每天都看到有企业在做社会公益事业，捐钱给慈善机构，或者参加政府部门组织的募捐、对教育的资助，等等。但请注意，这绝不是它自愿的，而是出于对利益附加值的开发，做出的象征性和投机性的行为。

所有的企业对社会性的活动都始终保持着警惕和嘲弄，这是商业组织的本

能，它们天生认为只有盈利才能改变一切，绝不是靠慈善。就像国内一位企业家说的："企业赚了钱，员工才有薪水养家，社会的整体生活水平才能提高。把钱捐出去只能养懒人，反而不利于这个目标，我为什么要做慈善？"所以他拒绝参加公益类的活动，除非遇到灾难（比如地震），他才拿出一些钱，仅表示一下姿态而已。

身份的定位

前不久，我和自己的一名得力手下谈了一次。我发现他的情绪最近有一些不对劲，比如喜欢迟到，上班时也经常早退，在重要的会议时接打电话，等等。他想离职了吗？这个猜测是可以否定的，因为他在公司的薪水很高，地位也不低。可以这么说，他是我非常重视且已经在重用的一名骨干员工。

面对这种情况，老板们一定在想了："既然如此，他为何如此懈怠工作？"我决定找他谈。

在一个阳光很好的午后，我把他叫到办公室，先问他最近一个月来是不是遇到了什么事情。

"生活遇到困难了吗？"

"啊，没有！"

"那么，是其他方面有些麻烦？"

"老板，没有，多谢您的关心。"

"既然各方面都正常，为什么工作中有些心不在焉呢？"

他听到这里明白了，我找他是谈这事。他顿时显得很羞愧，犹豫了很久，告诉我他恋爱了。对方是一个热情如火的女孩，喜欢每天给他打七八通电话，两个人晚上的活动也很多，这就造成他这段时间以来在工作中分了神。

搞清楚了原委，我原本轻松的神色反而严肃起来，正色地告诉他在公司中的身份："在上班时间，你首先是机构的一员，应该为公司提供自己的价值，其次才能考虑你的私人生活。这两方面都做好了，经过了考验，将来你才有机会成为公司共同事业的继承者承担壮大机构的责任。"

我的言外之意，他想在公司有更好的发展，就必须遵守这一原则：我们的组织要求每一名成员都对它无条件服从，包括接受它提供的意识形态，当然也包括它制定的一切规则和纪律。

组织的意识形态是什么？是指约束人们并帮助他们感知外部世界所共享的、相对一致的、一系列相互关联的信仰、价值观和规范。这些用来共享的观念构成了组织的身份。通过对这一概念的理解，我们就清楚了组织的定位，也就知道自己在组织中应该承担的责任和扮演的角色。

因此，组织的身份定位包含了成员关于"组织是什么"的共识，也包括了"我在组织中的角色"的认知，从而共同构成了组织的动机和行为的驱动力，也成了一个组织凝聚力的基础。这是我们了解组织思维的前提，也可以这样说——如果你想弄清组织在想什么，就得先理解它如何定位自己，同时又怎样定位你。

在对它自己的身份定位上，组织会采取三种类型的身份包装。第一是个人主义的；第二是相关的；第三则是集体主义的。每一种类型都有它存在的基础，也都有它取得效果的可行性与合法性。任何一种组织，都靠这三种身份生存。不管一家公司或机构将自己包装得多么天花乱坠，你剥下它的外衣看一看，里面的内核一定是这三种身份中的一个或者两个的集合体，没有哪个机构可以例外。

1. 个人主义身份：以这一身份出现的组织，强调的是组织自身的自由和它的利益，这多用于组织的自我包装，比如在广告营销中的说法：我们处于竞争中的领先地位，是某某行业最有实力的公司。

2. 相关身份：组织以此身份出现，表现出来的是一个卓越的客户、服务提

供商和合作方的形象。它会把自己想象成利益相关者的合作伙伴，比如"我们忠于自己的顾客"或"我们致力于成为可信任的伙伴"，以此赢取客户的信任，取得消费者的信赖。

3. 集体主义身份：披着这一身份出现的组织，意在表明自己的社会属性，比如在公益活动中的表现，在这种场合经常使用的语言便是"我们要消除贫困"或诸如此类的话，来赢得大众的认可。

存在的价值

我们的组织聪明，它在成立之初，早就意识到需要获得社会、特别是利益相关者的认可，就必须努力遵守一些规则，特别是与社会相融合的一些规范、价值观和信仰，确立自己的合法性，然后才会去追求利润。这就是组织存在的价值。

"实用主义"杀死道德

■ 组织信奉的是实用主义，它的思维流程排斥一切道德。

■ 一般而言，组织只想追求计划中的结果，并不考虑手段的正当性。

假如我们把组织视作一个人，那么他就是绝对主义者，同时也是一个功利主义者。它的一切思维与行为都是建立在以自身为中心的基础上的，而这种以自我为中心的出发点往往又是最功利的。

因为组织的首要任务就是维护自己的生存和壮大，其次才是考虑那些人性化的东西。当你对组织不尊重你的个人利益感到困惑时，说明你根本不明白组织最需要的是什么。

这是一个非常有名的实验：在一个笼子里面有很多的猴子，笼子最上面的正中间有一串香蕉和一个喷水的管子。只要有猴子爬到上面去拔香蕉，管子就会喷热水出来。一旦这样，所有在笼子里面的猴子都会被喷到。换句话说，只要有一只猴子贪吃，所有的猴子都会受到惩罚。

最初，有一只猴子爬到上面拔了香蕉自己吃，结果热水喷得到处都是，大家吱哇乱叫，又不知所措。但是后来，猴子们发现了其中的奥秘。所以再有猴

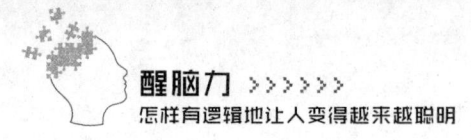

子想去摘香蕉时，笼子里面的所有猴子都会动手打这只猴子，把它打得鼻青脸肿才算拉倒。再后来，有的猴子好了伤疤忘了疼，试图再去摘香蕉，所有的猴子又都冲上来打它，拉住它不让它犯规。

久而久之，就没有猴子想去拔香蕉了。大家都乖乖地在笼子里待着，流着口水望着上面的香蕉，谁也不敢动弹。于是，实验者又放进去两只猴子，换出来两只猴子。结果，跟预想的结果一样，新放进去的猴子要去拔香蕉，还没有碰到就被打得鼻青脸肿。然后谁也不敢去摘了，经过训练的新猴子又都老老实实地坐在里面，不敢越雷池半步。

你看，一个组织的规范就这样形成了——尽管是一个临时构成的小团队，也没有什么明确的信仰，但它的的确确在一系列的博弈中产生了具备群体约束力的"规则"。新来的猴子是团队的新成员，它们初来乍到，不知道为什么不能去拔香蕉，也没有被热水喷到过，于是就被教训，经历一堂"惩罚课"，学习这个团队的规章制度。

那么组织的道德又是怎么形成的？

我们继续上面的故事。这个团队每隔一段时间就更换一些成员，笼子内总有新的猴子进来，也有旧的猴子出去。但不管换多少猴子，进来多少新人，只要经过了第一阶段的惩罚训练，交了学费，就都明白了一个道理：挂在上面的那根香蕉是碰不得的！

"组织道德"这时就形成了。即便有的猴子不明白是怎么回事，也不敢去碰那根香蕉。到最后，所有的猴子都统一了思想，从"不敢"变成了"不想"，直到大家对那根香蕉视而不见，彻底断了自己想吃香蕉的念头。

——每个人都不知道事情的原委，但是仍然能够自觉地去遵守某一规定时。这就是组织道德的体现。

组织为什么信奉实用主义？

第一，组织的需求是第一位的

正如同马斯洛的需求层次理论，人类有生理、安全、社交、自尊、自我实现的需求。对组织来说，它也有相似的需求，而且总是排在第一位的。你不能伤害它的利益、关系甚至自尊，也不能表现出来任何的不准备满足它需求的行为，否则就面临出局。

第二，组织的强化与惩罚

为了维持和保护整体的利益，组织有一系列的强化和惩罚措施。其中，表现最明显的就是积极强化理论——在组织内部营造一种遵守规则的气氛，这个过程从一开始就在进行，比如评选优秀员工，按照贡献的大小发放物质奖励等，都是积极强化的一种方式。通过这种强化和奖励，让成员知道什么事情是组织鼓励去做的。

在惩罚方面，正如猴子摘香蕉会受到的惩罚，热水喷下来时受到连累的不只是犯规者，还有其他猴子。这就好比一个部门的某个员工犯下了大错，导致公司的业绩受损，那么该部门的所有同人都将遭到物质方面的损失，比如扣发该部门 30% 的年度奖金，甚至有的公司严厉到了除了扣发奖金，还会对部门全体成员进行罚款的地步。该得到的被削减不说，还要往外掏钱。到了这种程度，惩罚的力度可谓不小。

组织这么做的唯一目的，就是保证每一名成员的行为都被约束在群体利益之内，不得做出犯规之举。

第三，组织什么时候需要道德

组织为什么会激励你？这就牵涉了认知评价理论。你的工作为公司贡献

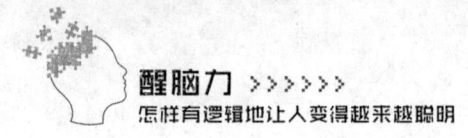

了一百万元，公司就愿意拿出来十万作为你的"贡献分成"。这就是激励。但如果激励不起作用了呢？很多人已经是有钱人了，他们似乎受物质利益激励的动力很小，追求的是别的东西。此时，组织对这些人就开始强调道德的作用了。

最典型的就是企业文化建设——向员工反复灌输诸如信仰、理想等非物质类的目标，让成员为了某一项事业奋斗，降低对物质的渴求，转而进行精神激励。组织都会这么干，也擅长这么干。在我们近十年的培训经历中，已经为全世界范围内的几万家企业提供了此类服务，它们在用"实用主义"的匕首杀死道德的同时，另一方面却在建设一个符合组织需要的道德体系。

承诺和一致性

我们在决定了做一件事情之后，后面的行为就会自觉不自觉地按照这件事情的规划来进行。这就是承诺和一致性的行为学原理。我们产生想法，判断可行性，制订计划，然后持续努力，实现这个计划，就等于兑现了一个承诺。

组织心理也是如此。一旦组织做出了某种决定，就不再接受其他的信息，它不会再去尝试做更好的决定，而是集中一切资源投入到执行层面。这就是组织的承诺和一致性的体现。

这表现在，组织总是用一种简单而且机械的思维应对日常工作，在绝大多数事件中追求一种不需要过多讨论与思考的捷径。这样不仅省去了无序的思考过程的艰辛——组织讨厌如此，同时也省略了无序思考可能产生的不良后果。

因为深入思考的结果可能是组织避之不及的，它浪费资源，旷日持久，很可能带不来多少收益。组织认为过多的思考是不必要的，因为组织对高效的要求总是排在第一位，所以成员如果总是变来变去，就会令组织厌烦。组织只想让一切机械地保持一致，这样就可以为大多数人（也为组织本身）提供一个躲避烦恼的安全避风港和提高效率的完美工具。

基于这一点，我认为任何组织都是理性的，同时又在阻挡理性的成长。

1. 对执行的要求

组织对员工的基本要求就是承诺和执行。团队成员必须保持一致的根源就来自他们对组织的承诺，一旦做出了承诺，你就必须尽力去达成。因为组织具有严格的考核机制，在它的思维中不存在例外——做出承诺后却不执行的行为是不被允许的。

2. 保持一致的压力

组织会不断地说服你，它首先引诱你采取某种行动，或者是做出某种承诺。然后，组织会再利用你要与过去保持一致的压力来迫使你屈从于它更多的和难度更大的要求。你进入一家公司，成功地度过了实习期，成为正式职员；接下来你会发现考核的难度增加了，公司对你提出了更多的、更高的要求，而你又必须去完成。这就是一致性压力的结果。

■ 组织会从一些最低的要求开始，最终让你达到对更大的要求的承诺。利用很低的承诺，来塑造一名成员的自我形象，然后逐步提高难度。

■ 一旦你按照组织的要求把自己的形象变成了你和组织想要的样子，组织会迅速而且理所应当地兑现它的承诺。这些承诺与你这个新的形象相吻合，并且向你提出新的请求，让你许下新的承诺。

■ 组织为了让承诺达到一定的效果，就必须具备一些必要的条件——这个承诺是公开的、积极的、经过努力才能兑现的，而且是人们自愿兑现的，这样才能保持承诺的一致性。

除了上述使承诺得以生效的基本条件外，组织要想获得承诺的一致性，还必须让每一名成员从内心深处对自己的承诺负起责任来。这就是强调自由意志的重要性。醒脑是必经的步骤，但就组织的管理思维而言，醒脑只是实现最终效果的一个步骤。组织希望它的成员主动兑现承诺，并为此感到自豪。

比如首先公司会以好的条件吸引，使员工（受重用和提拔的人）做出某种承诺："我要履行某种责任，实现某些业绩……"当对方做出承诺甚至成功地履行了承诺之后，组织会基本兑现自己的承诺，但却刨除其中最重要的部分，继续加强对员工的控制。

这时，尽管这个承诺中原本的好处已经消失了，但是员工仍然会遵守自己的承诺，并且为此感到欣喜。他们的奉献精神不但没有减弱，反而因此增强了。他们可能还感到沾沾自喜或产生了强烈的成就感。

这是一种怪异的现象。但这正是组织的承诺和一致性的特点对成员进行思维控制的结果，几乎每一家成功的公司都是这样的，在这个方面毫无例外，有时就连组织的创建者也会臣服于此。每个人都成功地被组织驾驭了思维，个体的思考与成长都融合为组织的一部分，无法分出彼此。

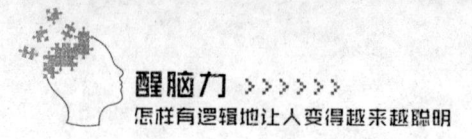

排斥一切不确定性

"组织思维"的本质在于：它探求的是绝对不可怀疑的东西，是确定可知的东西，也是"一是一，二是二，三是三"的东西。我们对组织，绝对不能是"一可能是二，二可能三，三可能是四"这样的回馈。因为组织代表的是老板的利益，也是股东的利益。

老板和股东的利益是什么？既是利润，也是秩序。因此它当然追求确定性，排斥一切不确定性。只有可以确定的东西才能带来利润，并且形成秩序。这就像公司的财务制度一样，任何出账与入账都需要可信的、无可置疑的、精确的凭证作为依据，这是组织思维的又一大特点。

这种坚不可摧又持久的确定性是通过组织逻辑的四条基本法则表现出来的：

1. 同一立场；

2. 不能有矛盾；

3. 集中资源；

4. 充足理由律。

这四条法则都是围绕着如何确保组织和成员的思维、认知具有确定性、一贯性和条理性而展开的。运转的核心是什么？就是 A=A，B=B，或者 1 就是 1，2 就是 2。它们是严格的数学题，也是没有任何模棱两可空间的运算题。一切的一切都可以计算、计划和安排，而不是商量、可能、未必或假设。

组织的逻辑认为，要使整体利益不受歪曲和侵害，那么组织的每一次要求都必须予以实现，每一次对利益的"声索"都必须得以满足。

正是这四条组织逻辑的基本法则一起构成了我们对组织的印象，它总是高高在上，居高临下，冰冷而且僵硬，没有半点商量的余地，也不会有丝毫"不确定"的空间。

组织的旨趣必然是共同的，是每一名成员都必须拥有而且认同的旨趣——这一点确定无疑。但它同时又受到极大的约束和规范，既是确定的、共同的又是受到某种力量干涉的，因为不受约束的一致思维只能允许每个人去追求自己想要的东西，而不是组织的志向。

所以，它是没有欺骗性的。或者说，它的欺骗性仅针对试图提出质疑的员工。组织的旨趣也必须是理性的，但同时又具有适当的煽动性，保证全体成员为此付出足够的忠诚和热情，为了组织的利益添砖加瓦。

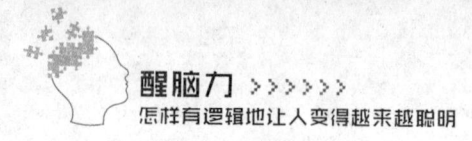
响应——组织会如何行动

组织的思维响应机制与个体思维的区别是什么？我们在其中的位置又是怎么样的，我们如何承担重要的作用，以及在组织的行动中成功地实现独立和富有价值的思考？

响应模式一：执着并且缓慢反应的代价

组织的这一思维模式，用一句形象的话来评价就是"温水煮青蛙"。大凡一个集体组织，总是对既定的策略表现得过于执着，以致失去了应该具有的危机意识。这会在对未来的响应与行动中鲜明地表现出来。就像羊群很难意识到前面就是悬崖一样（如果是一两只羊则可以迅速地发现并且改变其行走的方向）。

从 2001 年开始，我就在研究全球范围内的企业失败案例。从中我发现，对那些缓慢积累的生存威胁，几乎所有的组织都普遍缺乏应对的措施。这种情况相当的普遍，以至于"温水煮青蛙"的故事在商场每天都在发生。倒闭的企业主找到我哭诉他的悲惨经历时，总是会提到一句话："现在后悔也晚了。"

没错，他们早就发现了危险，预感到了危机，但他们一手建立的组织对此没有什么反应。这是为什么？因为组织就像青蛙，它具有青蛙的某种特性。我们把一只青蛙放进沸水中，它会立刻跳出来，尖叫着夺路而逃，可能顺脚还把锅踢翻了以示报复。但我们如果把一只青蛙放进温水中呢？它会感到很舒适，这是它最喜欢的温度，因为太稳定、太安逸了。你只要不去惊吓它，它会安然不动，享受这样的时光，继续僵化膨胀，就像组织管理学中的"帕金森现象"。

当我们将水放在加热器上慢慢加热时，奇妙的现象开始发生。温度逐步升高，缓慢地升高，在21℃～27℃，青蛙还是不会动，而且会悠然自得。对组织来说，这是春天。但如果继续加热，青蛙就会察觉到危险，可由于反应速度过慢，存在犹豫和判断的过程，随着水温的升高，它的部分肌体已经变得非常虚弱，最终再也无力跳出来了。

在这个过程中，没有任何限制青蛙逃生的障碍。对组织来说也是如此，没有什么因素能阻碍它做出变革。但它仍旧待在水里，最终被烫死。组织和青蛙一样，它的危机反应体系只是针对突发性的变故而设计，而不是针对那些缓慢渐进的危险。实际上，国家与国家之间的竞争也类似于此，一个国家对身边缓慢增加实力的对手不以为意，总是显得麻痹大意，但对实力迅速增长的邻国却充满了警惕。

美国汽车工业就是一个长期的温水煮青蛙的案例，代表了组织这一响应机制的弊端。20世纪60年代，美国汽车业在北美市场占据主导地位，但情况已经开始发生非常缓慢的变化。可以肯定，底特律三大汽车巨头在1962年还没有看到日本汽车会成为他们生存的威胁。

当时日本汽车在美国的市场占有率还不到4%。到1967年，日本汽车的占有率达到了10%时，三大巨头还是没有看到威胁。1974年，日本汽车达到近15%的占有率时，它们还是没有任何感觉。

直到80年代初，三大巨头才开始认真反省自己的运营方法和技

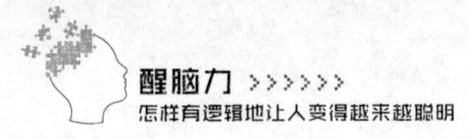

心假设；而那时日本汽车已经占据美国汽车市场21．3％的市场份额。1990年，这个数字达到了25％，到2005年已接近40％。但此时，这几家美国公司的财务状况已经很糟糕了，能否重新鼓起勇气和调动资源参与竞争，从这锅热水中跳出来，已经是未知数了。

要想学会观察那些不经意间由小到大、慢慢增加的危险，强化行动力，就必须使我们的组织优化效率，建立专门的应急小组。对个人也是如此，如果你的思维是麻痹的，那么你的行动和响应也是缓慢的。这就要求你放慢自己平时忙碌的脚步，集中注意力，去注意和研究那些细微的以及某些戏剧性的变化。

假如我们和我们的团队不学会放慢脚步，去凝聚注意力，有意识地研究和察觉那些常常最具危险性的渐变过程，那么就很难避免"温水煮青蛙"的命运。

响应模式二：经验以及从经验中学习的错觉

组织最深刻的学习来自过去它的直接经验。任何一家公司的成长都依赖于过去的每一天它成功处理或失败的每一项工作——组织从中吸取教训或总结经验，归档、分类、划分为不同的部分。经验和教训越来越多，可供参考的案例和形成的规则也越来越多，这就造成了我们的组织正从经验中学习和成长的错觉。

真正的事实是——组织不但从经验中学习，也会受困于经验，使自身的响应模式逐渐僵化。

的确，试错法在一般情况下非常有效，比如我们从出生，就是通过直接的试错法学会了吃东西、爬行、走路和交流。我们犯过无数错误，但也收获了无数经验。至少到现在为止，我们活得还不错。随着年龄的增长，阅历和经验也越来越丰富。这就是试错法，它是通过行动并且观察其结果，先行动，再修正。

如果结果不令人满意，那么就再总结经验，吸取教训，采取另一个新行动，直至找到正确的行动，建立正确的规范。

可是，如果我们行动的结果是不可观察的呢？如果组织犯错的机会很少呢？当响应和行动超出我们的学习、接受能力时，或者当结果的反噬速度超过我们的反应速度时，后果会怎么样呢？

结果就是我们还没来得及观察，就已经输掉了比赛。我们的组织可能从经验中学习得最好，喜欢处处总结经验，但还是有很多最重要的决策所带来的结果恰恰是没有办法从学习中获得经验的。从错觉中成长固然有效，但如果有些事情不给你犯错的机会呢？这就是为什么很多公司因为选错了重要的领导者，直接导致事业的重大失败，甚至使公司破产倒闭的原因。因为在某些岗位上的决定，容不得你出现一次失误。

简单地说，在重大的决策中，我们的组织很少可以得到"试错式学习"的机会，就已经死在沙滩上了。这要求我们必须改变思维，从试错式学习走向"主动响应"，摆脱温水煮青蛙式的陷阱。

第三章

解剖权威

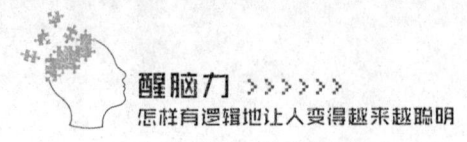
经验和前瞻性产生权威

■ 从字面意思上看，权威就是人们对权力的一种自愿的服从与支持。在权威的概念中，我们必须强调"自愿"这个词。因为人们最初对权力的服从可能会有几分被迫的成分，但是最终都会产生心理上的认同和无条件的服从。反对者无处不在，他们的心里反对权威，但大多数反对者仍然会服从权威（尽管仍有几分不认同）。

■ 就现实意义而言，权威被人们认为是一种正当的权力。有时它未必是官方的权力，更多的代表了一种对公众的强大影响力和由此产生的威望。人们未必一定就要听信和服从权威，它对你没有执行的要求，但它的影响却始终存在。在古代，权威意味着等级之分。在现代社会中，权威不但没有被削弱，反而随着信息的传播被更加广泛地使用，已经成为人类文明发展过程中坚不可摧的参照标准，人们崇信权威，使它成为彰显人、机构、组织、企业等实力和威信的代名词，代表了实力、地位、权力、信誉与威望。

权威是怎么产生的

第一，它源于一少部分人的行业、技术优势或者经验的积累。别人不具备这些东西，因此就把他们奉为权威，相信并听从他们的观点和建议，比如特殊行业的顶尖从业者、科学家、文学家、金融家、证券分析师、IT 行业的专家等。他们凭借自己的行业优势、信息优势、金口一开，你很难反驳，就只能拍手叫好。这叫作技术类权威。

第二，它源于前瞻性（对未来的预见力会导致人们跟随），比如一个问题，有的人提前十几天甚至几个月就发现了，然后就煞有介事地提了出来，包装成了一个体系或演化成了一个高端问题，用以影响大众；你呢？事情发生了你还身在局中惶然无知。这种前瞻性就会造就权威，人们相信他的判断，因为他一贯"正确"，就像先知一样未卜先知。这叫作前瞻类权威。

我在联邦调查局的同事麦克斯过去的 15 年间一直研究权威心理学，以此作为审讯的依据。他积累了大量的数据，来验证塑造权威对管理和控制的贡献。麦克斯认为，任何组织的形成、管治、支配都是建构于某种特定的权威之上的，没有哪一种组织可以例外，这个世界上也没有哪一个人可以逃脱权威的影响。适当的权威能够带来稳定的秩序，避免产生混乱，没有这种权威的组织将无法实现它的目标。这就是为什么卡扎菲下台后的利比亚会全国大乱的原因，因为权威的接替出现了问题：一个旧的权威消失了，新的权威却没有及时出现。

从更为细致的分类上讲，权威又大体可以划分为三种：

1. 传统型的权威

目前全世界的企业和国家之中，仍然以传统型的权威居多。特别是对中小企业而言，作为创始人的老板，构建的正是一种传统权威的模式。这是一种在很大程度上依赖于传统或者观念的权力控制的形式，比如人们的传统想法：谁出钱谁就是老板。人们因为受制于人而被控制、被影响。

传统型的权威优点是权力控制较强，驾驭别人的能力在短时间内也相对较

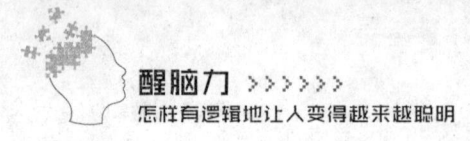

强。换句话说，起效较快。但缺点是什么呢？是不利于影响力的进一步成长，也不利于长时间驾驭别人的思维，影响大众的行为。因为它的构建基础是非理性和短期的。所以中小企业的管理者往往在企业发展到一定程度时，就会遇到管理危机。

2. 魅力型的权威

依靠个人魅力来影响别人，这就是魅力型的权威，比如当一个领导者的使命和愿景能够激励他人，使员工纷纷跟随自己时，就自然而然地形成了他的权力基础，产生了很强的号召力。这种类型的权威，其构建基础首先是来自信念，信念促成了人们对魅力领袖的忠实服从，以及打造出了他的权威合法性。

魅力型权威的优点是凝聚力超强，但它的缺点依然是非理性的。归根结底，魅力属于一种超自然的力量，是非现实的，不可触摸，只可体会。就像宗教一样，雾里看花，是精神层面的榜样。但仍然需要进一步提升，以便可以长久地发挥作用。因为权威要做的不只是领袖或英雄，还应该成为实质的富有建设价值的引导者，不能靠煽动人们狂热的思维来维持自身的形象。

3. 理性和法定型的权威

这是最值得学习与建设的权威，也应该是我们努力的目标。它是一种以理性和制度规定为基础的权威形象。人们对他的服从并不是因为信仰或者个人崇拜，而是因为规则和制度给予了他这种能力，并因为他的实际能力让人们产生了敬仰的情绪。这是卓越的领导者和大知识分子经常可以在自己的身上体现出来的，由此广泛地形成了影响人们思维的基础。

坏处：思维障碍的形成

为我们树立的一个权威优点多多，前面已讲到了，但缺点也不少。其中最大的一个负面影响，就是容易形成人们的思维障碍，增加人们大脑偷懒的机会，堵塞大众在特定时期或领域的创造力。因为人们觉得，由权威为自己指明方向就足够了："听他的就可以，我不必担心，也无须负责，更不要绞尽脑汁亲力亲为！"

这方面的现实应用数不胜数，因为迷信权威而使自己的智力退化的现象到处可见。除了组织结构中的权威设置——等级管理——还大量地应用于商业营销中。很多公司的广告营销之所以大获成功，建立品牌和占领市场，手段就是加大消费者的思维障碍，让他们不能思考，结果就是人们集体被忽悠，乖乖地付钱。尽管消费者有时并不真的清楚自己付钱的原因。

两名顾客在商场聊天。A 看到了爱马仕的包，吐槽说："这个包并不怎么漂亮。"B 惊讶地说："哇，你的眼光到底有多高，这可是爱马仕的包！"A 顿时瞪大了眼睛，连忙改口说："是吗？是瑞恩做广告的那款包吗？听说很多明星都买这个牌子的。那还不错，我要买下它！"

这一案例表明了名人在权威建立中的影响力是不可估量的。商家利用明星的影响力，使得自己的品牌被消费者所接受，或让公司理念被更多的人了解和

认可。这就是一种相当流行且高明的品牌传播手段，其特点是利用了人们崇拜名人的思维，来建立自己的产品权威。

自古以来，人类社会就存在着这样一种名人崇拜的传统。那些在不同的领域中造诣比较高、影响力比较大的人，很容易成为人们崇拜的对象。人们不仅崇拜他们的成就，还乐意模仿他们的一切喜好，愿听从他们的引导。明星电影演得好，人们只是崇拜他们的演技吗？不！还认同他们的穿衣理念，学他们的生活习惯。

这种传统观念和思维障碍不仅是普通人独有的，即便明星和名人本身也无法脱俗。他们的思维也在权威面前存在障碍——名人崇拜更有名的人，甚至拿着虎皮当大旗，利用名人效应来传播自己的观点，向人们灌输自己的思维。

我们当然不能说他们是刻意伪造的或者精心策划的，因为他们自己也可能觉得事实就是如此。但归根结底，这正是权威崇拜的经典表现，在人类历史上沿用了两千年之久。包括宗教思想的传播，亦是沿袭和发扬了这一套路。

这些传统的权威崇拜发展到今天并没有消失——尽管舆论在不停地批判它的负面影响，可是它的威力反而变得更大，影响的范围也更加广泛，改头换面，渗透到社会的各个角落，悄然地变成了一种"泛权威崇拜"。

在各个领域中，我们都会看到人们对权威顶礼膜拜的情形。特别是那些在各领域中公认的、有造诣的、有影响力的人。就像上面我讲到的，经济学领域的专家们只要坐在讲台上，下面就坐满了信徒，拿着笔记本虔诚地记录。他们的发言就是真理，他们的行为也一定是正确的。人们就是这么想的，比如哈耶克、亚当·斯密等，人们觉得一旦引用他们的话，立刻就威力无穷，那么自己的观点和表达就会更容易被人接受。

重要的是，有了他们，自己就不需要思考了。这才是人性的本意，也是人们头脑中的思维经常产生惰性且无法根治的原因。

前年，华盛顿的营销界出现了一位创造销售奇迹的"大神"：艾德华。他在短短的 4 个月内为自己就职的保险公司赚到了两千万美元。对于个人来说，一个销售人员，这是了不起的成绩。一时之间，艾德华成为了业界名人，被媒体称为"保险业的巴菲特"。

艾德华被树立为了权威，每周都接受《华盛顿邮报》的专访，还登堂入室上了福克斯的电视节目，并出书立著。他随口而出的观点，就被很多公司和大量的保险销售人员拿去当毋庸置疑的结论。客户相信他，刚从事销售业的后辈们也崇拜他。

公司出于广告的需要，也借此风大力包装他，送给他豪车和夏威夷的度假别墅，花钱帮助他做节目等，可谓倾情力推，将他树为公司的"头牌"。在各方烘托、炒作及众人的跟风追捧下，这股艾德华风潮足足持续了一年之久，但他的结局却是极为悲惨的，市场还是以不买账的方式击碎了人为制造的"权威泡沫"。因为终于有记者通过调查发现——他的业绩实际上有大量的掺水行为，很多签单都是他通过作弊的手法完成的——招募帮手或代理公司替他签下虚假合同，实际上没有给公司带来这么高的收入。

这时，人们又开始落井下石。他不再是权威了，反而是一个招摇过市的骗子。人们开始怒斥："你这个败类，为何欺骗大众？"却始终没有人反思自己："我为何会受骗？"权威笼罩下的思维障碍是多方面的，其中就包括自我审视与反思机制的消失。

1. 权威让人不再深入思考甚至不去思考。

2. 权威让人失去独立判断的兴趣。

3. 权威让人变得思维懒惰并且产生智商退化现象。

　　这是三项非常明显的害处。假如你在某一天读到了某位名人的一本书，被其中的观点吸引并对此深信不疑（就像你现在读到的）——即便是我的观点，我也会奉劝所有的人谨慎对待。重要的是你要结合自身的情况，再去判断一种思维或一种现象是否适合于你，而不是毫不犹豫地拿过来就用，以保持自己思维的独立性。

从"井里"跳出来

怎样才能战胜权威对自己思维的限制？

有一只青蛙在井底过惯了日子，它也不知道自己在下面待了多长时间。但是突然有一天，它意识到这里的一切总是一成不变，就说："外面的世界是怎样的？我想出去看看。"

这当然是一个好的想法。但与此同时，所有的青蛙都停下了喧戏与打闹，瞪大了眼珠子看着它，就像在看一个不伦不类的怪物。因为在它们青蛙的历史上，没有谁这么想过，也没有哪个胆大妄为的青蛙这么干过。

最后，有一只年长的青蛙（它是这些青蛙中的权威）不紧不慢地说："傻孩子，别说胡话了，我们世代都生活在这里，这就是我们的生活、我们的世界，不要胡思乱想！再说了，你就是想出去，恐怕也没办法吧？"

权威在这时发挥了作用，限制这只青蛙的新思维。它应该怎么办呢？如何打破这种限制或者说压制？

青蛙完全可以强行跳出去，彻底远离这帮老顽固。这是人们倾向采取的终极方案，又干脆又解恨。的确，人们痛恨这些思维老化的家伙，恨不得离他们越远越好。生活中的老顽固太多了，为我们挖了很多井，试图将我们一辈子关在里面，不是吗？

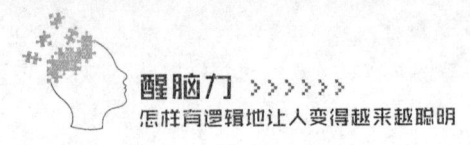

决绝地跳出来似乎是可行的，但就思维本身而言，随之而来的是更多的疑问：在一个已经习惯了的生活里，在旧思维的井中，这只青蛙怎么会产生不一样的想法？它的思维灵感是如何被打开的？我们知道，凡事都要有一个起因、一个动机。这只青蛙的动机是什么？或者说，它的原始动机是什么？

这表明，它只有找到了自己的原始动机，并且强化这种动机，才能在新思想的引导下坚定地走到最后，才不会被老青蛙轻易地说服。它也必须明白，自己跳出来以后看到的世界，远比井底的世界精彩，才能巩固自己的决心。

青蛙在听到老者的劝告后，心中如果想："是啊，我跳出去又能怎么样呢？可能还不如井底安全。"那么它就会打消爬出去的念头。但如果它心中想的是："我跳出去后可以见见世面，呼吸到新鲜空气，获得自由，我将可以生活在一个大水塘中，那里有碧水蓝天，有青色的叶子，有鲜嫩的水草，有充足的食物……"当它的此种动机越来越强烈时，它就难以被阻挡了，一定会想方设法从井底爬出来。

跃过思维之墙

思维的障碍如同一面高墙，需要足够强的动机来穿越来帮助自己打破权威的伤害和控制。就像青蛙需要做的，一跃而起不是简单地说说，而是要积蓄力量，获得勇气。我们无法随便地躲开什么，一定得给自己一个充足的理由，并且找到自我，才能把握方向，跃过思维的阻碍。

现实中，人们有时会有一种不由自主的感觉：当别人赞扬他的时候，他就特别高兴；当别人指出他的不足时，就特别失落。人们常常出现大喜大悲的情况，活在别人的判断与评价之中。人们偶尔感觉这是不对劲的，但只是一闪而过，不会细究这个问题。

你知道这是为什么吗？因为这个人已经被限制了思维。他的思维通道被堵上了一面墙，信息隔断，大脑的思考出现了犹如程序死机的现象。于是，他就喜欢跟着别人的感觉走，一直活在别人的影子之下。

这种情况对你来说难道不是一件坏事吗？

我们是一个独立的个体，因此必须克服这种不利，建立自己的思维堡垒，让它拥有充分的思考自由。但是，你知道限制思维的是哪些吗？懂得怎么跃过思维之墙吗？为什么你的思维一直被别人牵着走呢，为什么不能像青蛙那样提出自己的主张呢？用什么办法才能克服思维的限制，让自己来把握思考的方向，控制行动的自由？

重要的是——转变思想，走出思维死角

有的人在路上丢了一件50元的东西。他想不起掉在什么地方了，于是就打车回去找，转了好几个圈，最后打车费花了80元也没有找回来。还有可能出现更离谱的局面，他打车花了80元没有找到，又打了另一辆车去很远的商店去买，一来一去，可能就花掉了数倍于这个东西的价钱。

有的人快到春节了，就想给家里的孩子买件礼物带回去。想来想去，就买了一套特别时尚的玩具，花了300元钱。为了尽快让孩子见到这个玩具，他又花了60元的邮费把它寄回去。结果回到家一看才知道，附近就有一个商场出售这种玩具，售价不到260元。这时他才恍然大悟：我回家后再买更划算。

这些行为值得吗？他们的内心其实一定是知道不值得的，但是却本能地这么去做了。看起来他们是一个不懂经济和不会算账的人，但实际上，真正阻碍他们想问题的是思维。他们陷在了一个思维死角中，无法及时变换思想。

也就是说，走出思维的死角是我们跃过思维之墙的第一步。你要先远离问题，站在一个安全距离审视它、观察它，第一时间想想有没有别的办法，有没有新的思考角度。转换一下自己的立场，甚至改变一下思考的逻辑，你就会发现无数新的东西正在朝你的脑海涌来。

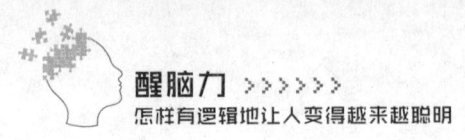
你需要发散性思维

固性思维就是我们头脑中的一条思维直线，就像光一样，它永远走一条固定的通道，即沿着测地线运行——以最节省能量的方式向前走。固性思维就如此，哪种思考最节省精力，最不需要调动资源，它就全盘照搬，并形成了一个固定的模式。如同我们在电脑中的检索程序一样，需要进行这方面的思考了，它就按照设定好的程序把答案调出来。这些模式往往是由权威替我们创造的，因为已被证明在过去是有效和能够带来回报的。

于是，人们思维受限。

当然，我们在现实生活中被限制思维的远不止在几分钟内所能够想象到的，但如果你能够迅速发现问题——意识到自己的思维出现了问题，抓住重点，激发自己的思维，就可以在短时期内释放思维的活力。

为什么需要发散思维？因为生活是我们自己的，而不是别人的。既非上天，也非权威可以控制。何况即便是上天，也是以弯曲来显平直。直线型的思维方式走到最后，经常会走进一条死胡同。它杀死创造力，也会让自己依赖于外界的信息思考，将自身的思维嫁接在别人的逻辑之上。但是，这个世界只有我们自己能够掌握自己的命运，思考自己的人生，驾驭每时每刻的每一个感觉。因此，全新的人生需要我们自己去创造——新的生活、新的思考逻辑，这就是创造性和发散性思维可以给我们的。

一个人是否具备发散性的思维，也是他是否具备创造力的主要标志之一。

首先建立发散型的认知方式

1. 一个问题多重思考：在解决问题的过程中，我们可以运用发散性的思维，让思维沿着不同的方向进行扩展。首先，不要只想到单一的某个方面，要想到多种可能性，从正反两个角度去思考它的利与弊；其次，让思维就像一部雷达，尽可能扫描更多的面，寻找更多的点，让思维发散到各个有关的方面，来对一个问题进行多重思考。

2. 创见性大于正确性：尽管最终产生的多种可能的答案并不一定是正确的答案，但却很容易产生富有创见性的想法和新颖的观点，激发更多的思考。先不要思考这是不是对的或错的，而是集中注意力开发更多的可能性，看到创新的成果。这是最大的意义所在。亦即说，不要寄希望发散性思维给你带来"正确"，它至少能保证创造力与创见性，开阔你的视野，增强你对不同的"可能性"的洞见。

3. 每个人都有发散性思维：我们每个人都具有这种思维方式，不存在谁的多谁的少。它就位在头脑的深处，从出生开始，上天就给我们种下了一粒发散性思维的种子。只是使用的程度不同以及是否系统。通过各种手段，运用不同的方式将它开发出来，是我们提高思维能力的主要任务。

4. 由点及面的思考：什么是由点及面？就是一生二，二生三，三生无穷，由一个单独的点想到无限的可能。你需要充分发挥人的想象力，突破自己原有的知识圈，从一点向四面八方想开去，并且通过对自己的知识和观念的重新组合，建立更多的与更新的设想，来探寻不同的答案，找到更好的方法。比如一只风筝的用途并不是只用来玩玩，还可以测量风向，传递情报，当作射击的靶子；

床单在火灾时可以用来救命；地瓜可以烤着吃、煮着吃，还能够切成片晒成地瓜干；等等。

5. 广泛的适用性：各行各业的人都必须有发散性的思维，也要建立发散型的认知方式。即便我们不能开发出自己的天赋，也要在学习中拥有它拓展它，提升自己的思考能力。简而言之，就是提高自己的智慧。

发散性思维能力的高低，往往也标志着一个人的智力水平的高低。所以，抽时间——尽量多的时间来培养和锻炼自己这方面的能力！来让头脑具有 360 度的视野，来打破权威和传统对你大脑的垄断，来提高自己的智力运算能力。

请参加这个试验

场景——

有一个人在深夜翻来覆去睡不着觉。不知道是怎么回事，他突然起床拨了一个电话，当对方接通"喂"了一声后，他一句话也没说，马上把电话挂掉，然后就顺利地进入了梦乡。这回他睡着了。

问题来了——

对于常人来说，这个情景多少有点蹊跷。

人们会想：

深更半夜的，这个人为什么睡不着？

他又为什么打电话？

打了电话就能睡着了？

更奇怪的是，接通电话后，为什么他不说话？

为什么当他听到对方的声音后，就马上挂断了电话，然后就能安然入眠？

这是一道思维测试题，也是一个思维的启发程序。重要的并不是答案，而是思考的过程。到底是怎么回事？——这正是我要你们找出自己想象中的答案的问题。

在初次进行这个试验时，有二十多名学员产生疑义，他们觉得这道题目完全没有设置前提条件，这让他们无法思考，也没有办法找到答案。你看，问题马上就来了——固有思维的限制，让他们已经失去了发散性思考的能力和意愿。他们在面对一件事物时，脑海中已经提前设置了大量的条件，不符合这些条件的事物，他们就感到陌生和无法理解，认为这很不正常。

面对这种情况，我鼓励他们说："尽可以大胆想象，不要顾虑任何条件、环境或是什么科学准则，你们只需说出对这个场景的解释就行了。"

答案是什么——

这是关键，也是人们关注的目标。是的，究竟是怎么回事？一千个人可能会有一千种解释，但我敢肯定的是，不管我采纳或准备了哪种答案，只要把盖子揭开，让某一个"答案"大白于天下，展示给他们。他们中的大部分人一定会恍然大悟似的说："哦，原来是这么回事！"

就像青蛙跳出了深井。在爬上来之前，它对外面的世界有千奇百怪的想象，但当它真的看到蓝天白云时，一定会发出某种有力的感慨："啊，原来是这样啊！"

发散性思维的奇妙之处就在于此。

通过问答来进行发散思考——

这种方式注定了我们找到答案的方式不是固定的，而是发散性的。在实验中，我允许学员就他们想到的任何问题向我提问，但对他们的问题我只能用"是"或者"否"回答。这么做的原因是我希望避免给他们丝毫明显的提示——这些或大或小的提示都有建立惯性思维的危险，很容易成为一种束缚让他们有不敢逾越之感。所以，我的角色就是充当一个看客，甚至不让他们注意到我的存在。

"他从事什么职业？"

"无可奉告。"

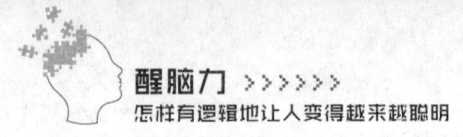

"难道他是个警察？"

"我不知道。"

"他结婚了吗？"

"我不知道。"

"哦，他有孩子了吗？是不是离婚了？"

"对不起，这些信息我通通不知道。"

学员们七嘴八舌，试图从我嘴里套点"情报"，以便用最快的速度找到那个最正确的答案。但他们不知道的是，这恰恰是我最不希望看到的事情。于是我就告诉他们，我什么都不知道，因此我说的任何话对答案都没有任何帮助。

在这个发散性思考的过程中，对人们所问问题的数量，没有限制；对人们所给出的答案，也没有丝毫的束缚。你能就此问题提出多少种设想呢？可以在一张纸上写下来，最好是就这一个小情景写出一个丰富的故事——大胆发挥想象力，到最后你会发现自己可以想到的东西是令人惊讶的——很多情节一定打破了那些束缚你多少年的思维的笼子，连你自己也可能感到太不可思议了！

用你的方式推理

我的老上司哈罗德对我的一个最宝贵的教诲就是——在分析问题时永远使用自己的逻辑，而不是别人给你的或者预设的。在推理和分析时，始终以自己的方式为主，就能避免跳进预设的陷阱，或者被外因牵住鼻子。我们经常说要"跳出来思考"，其实这只是第一步。跳出来以后呢？你要找到你擅长的方式。

有一次，纽约警察移送过来一名涉嫌在皇后区隐藏爆炸物的嫌犯。他是一名高智商罪犯，有着常人难以企及的冷静和狡猾。他的身材瘦弱，面色苍白，可却散发着一股冷酷的气息。看到他人们就会想到很多经典的犯罪电影，比如《电锯惊魂》等。

我们把他关进审讯室后，就站在外面观察他。这是一种很常规的审讯方式，也是心理战。在沉默与安静中观察嫌犯的反应，记录他的表情和行为，等待他自己露出破绽。遗憾的是，在长达 5 个小时的时间里，他毫无反应，一直在闭目养神。这时，哈罗德走过来，看了一眼，就说：

"不要再等了，进去告诉他，炸弹已经找到了。"

一名同事吃惊地说："我们并没有找到。"

但我立刻就明白了哈罗德的意图。嫌犯的沉默是一种武器，他也在进行心理战，把所有人带入他的心理节奏。如果不出所料，接下来审讯时他一定会讲

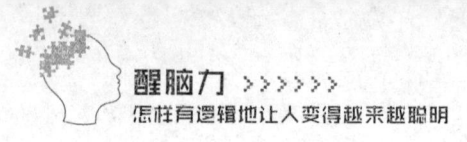
另一个故事——完全是谎言，把联邦探员带进他设计好的情境中，甚至不知不觉地按他给的一种既定逻辑进行分析。到那时我们将非常被动。

于是，我推开门走进去。坐在他的对面，平静地对他说："事情已经结束了，你不再有什么秘密，我们发现了炸弹，上面留有你的指纹。"他抬头冷笑，没有说话。他在观察我。但我站起身准备走了："现在，你需要一名律师。不过我想意义不大，你有可能被送往关塔那摩。祝贺你，那可是一个好地方。"

我没有理会他就走出了审讯室，关上了门。我们把他一个人放在里面，继续观察他的反应。这时形势逆转了，接下来他只能用我的方式思考——我提供的"信息"打破了他的沉默，也使他陷入了猜测与被动。2个小时后，他有些坐立不安，因为开始抬头张望，看一下摄像头，又盯着门口思索；4个小时后，他的眉头渗出了汗水，要知道审讯室的空调只有18度；又过了7个小时，他招供了，条件是不要把他送走，只按一般刑事罪案处理。

发现你的方式

现在我问你："你的方式是什么？"

换个问题也许会更简单直接："你如何思考这个世界？"

道格拉斯在《再见，西方文化》中写道："假如有人问我欧洲现在需要什么，我会说需要能不依赖他人而是自己形成想法的人，也是可以独立思考而不是按照别人的意愿来思考的人，是那些可以摆脱惯常的思维轨道并且可以从新的视角来审视周围发生的一切事务的人！"

拥有自己思考方式的人是多么稀有与宝贵！无数的人都在社会生活中丧失了自我，失去了自己的思考，转而沉沦在权威提供的思维路径中不可自拔。

"这不是我想要的，也不是我想看到的！"我说，"我想让你们一站到我面前，一张嘴说话，甚至一个微笑、一个眼神，就能让我感受到强烈的、鲜明的你们

实验至上——适用性大过一切经验

权威的东西就是好的吗，就可以适用一切吗？

答案当然是否定的，我相信没有多少人觉得这句话是正确的。你不要一味地套用权威的话，也不要盲目从众甚至去推广权威的思维和解决问题的模式。这是因为，权威得出来的东西首先适用他自己，是他在生活和工作中通过切实的研究总结出来的一套理论或者一个观点，但不一定就符合你的环境。

现实中，很多人看到别人说怎么做，他就跟着去做；看到别人做什么生意，他也跟着去效仿。效果很好吗？从实际的反馈来看，很多创业者都对我说，他们在第一次做生意时之所以失败，就是因为盲目地听从权威的意见，学习那些成功的前辈，照搬他们的理念，结果套用到自己身上一点也不适合。

这是因为，每个公司的产品不一样，每个创业者面向的群体也不一样，公司的实际情况更是各有差异，不可一概而论。人们总得根据自己的实际情况来进行思考和布局，通过自己的实践和总结，强化自身的思维，而不是跟风去模仿他人。

适用是第一位的

不管是工作也好，生活也罢，我们追求的是一种协调的思维。它必须适合

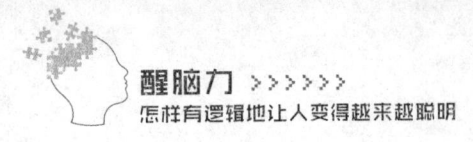
于我们的生活，与我们的人格特征和生存现状完美融合，才能解决实际问题。艺术领域有一个标准：自然与协调。这两点放到思维领域也同样适用。

比如同样的一件衣服，别人穿看上去很漂亮，而你穿上却并不那么优雅；同样的一种发型，别人显得好看，你却可能十分丑陋。植物也是一样，比如薰衣草，它在北方的长势良好，但却不宜到南方种植。荔枝在南方生长得很旺盛，移植到北方就可能会死掉。

以自己的方式思考，建立你自己的逻辑

法国的哲学家狄德罗说："知道事物应该是什么样，说明你是聪明的人。知道事物实际什么样，说明你是有经验的人。知道如何用自己的方式使事物变得更好，才说明你是有才能的人。"

5 年前，我认识一位在华尔街生活的汉克先生。他是一位自由投资者，不属于任何公司，也没加入任何的私募机构。对这种人，我们习惯称为金融草原的"孤狼"：有钱、冷静、残酷、迅速。他们往往快速地发现机会，进入、抛售获利，然后撤出，不会有丝毫留恋。这是一群与普遍股民完全相反的人，是极专业的投机分子。

汉克先生说："我之所以同情普通股民，是因为他们缺乏对陷阱的分辨能力。在证券市场上，陷阱无处不在，而且总是由专家们挖好，等他们跳进去，再由嗜血者埋上最后一捧土。连墓碑都没有，只有被瓜分的血肉。人们为什么在残酷的股市中乐此不疲地上当呢？全是源于他们的欲望。"

所以，永远不要好高骛远，否则你就容易陷入权威的逻辑陷阱。人们之所以迷信权威，失去自己的思维自主性，多数时候都是由于一种不切实际的奢望，或者野心的存在，使自己选择了原本不适合自己的路行走，结果在错误的思维指引下，碰得头破血流。

第四章

强者思维与弱者思维

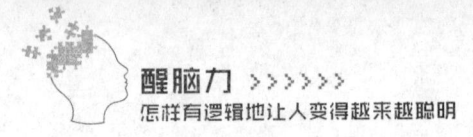

强者计算成本，弱者不惜代价

有人问我："强者与弱者的最大区别是什么？"

我说："就在思维上。人和国家，本质的对比都在于思维的方式，不在于它目前的财富、地位和国力。"

人和国家无论形势多么富有变化，都难免在动态中成长，或在动态中衰弱。这是一个相当长的过程，不会在瞬间就分出胜负。这是人生的定律，也是历史的规律，更是文明竞争的规律。这一时段，可能处于弱者的位置；下一时段，可能就站在了强者的位置上。我们看看几千年的人类历史，国家的兴衰，民族的生存博弈，无不符合这个规律。

为什么会发生这种动态的变化呢？因为思维的转变。在一个弱肉强食的世界，没有谁不想做强者，没有谁甘愿去做弱者。大家都想把自己的国家变成强国，都想让自己也变成一个强者。如果事实不是如此的话，这个世界上就不会有那么多的战争、钩心斗角与矛盾冲突了。在博弈与争斗的过程中，谁拥有了强者思维，谁就在竞争中占据了先机；谁不幸具备了弱者思维，谁就会可悲地在竞争中被打败。

对我们个人来讲，最应该避免的就是本来可以做强者的时候，却沿用了弱者的思维；本来可以继续成长的时候，却选择了不可逆转的衰弱。这就是本章要告诉大家的——如何学习做一名思维上的强者，以及怎样避免成为思维上的弱者。

■ 强者思维——即便暂时居于弱者的位置上，他们的内心也仍然将自己视作强者，并像强者那样思考。

■ 弱者思维——虽然他们已经具备了强者的素质，但内心仍然将自己视作一个弱者，因此具有弱者思维的人是外强中干和虚弱的。

拥有强者思维的人一般并不宽容。你不要总觉得那些高高在上的家伙会怜悯和宽容你——他们对竞争对手的态度就是赶尽杀绝，尽可能垄断自己所从事的领域、行业或者在工作和生活中为自己尽量争取优势。但与此同时，他们却会计算成本，不会采取任何得不偿失的行动，也不会做出冲动与盲目之举。

那些全身上下流淌着弱者思维的人呢？他们就算已经被人们看作强者了，哪怕生活在鲜花与掌声之中，还是想证明自己，想用实际行动来将自己捧得更高。为此，可能他们每一次尝试都是不惜代价的，不断地犯下大错，或者错失良机，最终让自己真的变成了"弱者"，陷自己于不可挽回的弱势和失败之中。

这其实正是强者越强、弱者越弱的原因。就像亚当·斯密在《国富论》中总结的马太效应（Matthew Effect）：

——穷者越穷，富者越富。

根据我们长达 8 年的调查分析显示，全世界过去 50 年最富有的一百个家族，现在变得更加富有，资产规模更大，对社会资源的控制更强，乃至对政治的干涉力度也更深了。没有谁能够改变这种趋势。相反，那些落魄和贫穷的阶层，随着时间的流逝，大部分人并没有改变自己的命运，而是在贫困线上继续挣扎，与富者的差距还在继续拉大。

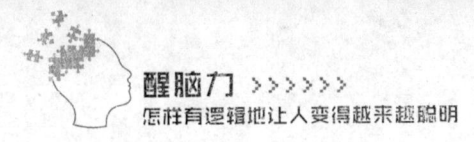
　　出现这种不可逆转的两极分化的原因就在于，强者在计算成本以后，会使得自己的行为更加的有效率，变得更为强壮；而弱者却由于不计成本的冒险和不理性的举动，反而总是将自己本来可以到手的利益和已经到手的成果逐步浪费掉了，变得一无所有。

　　就像斯坦利说的："强者更有耐心，因此耐心出效率。他们能够冷静地布局，等待在不久的将来得到更大的收获。但弱者却没有这样的耐心，他们迫切希望一击制胜，用一次投入就彻底改变自己的命运，反而很容易葬送好不容易积累起来的财富或者资源。"

强者看重综合指标，弱者追求单一挑战

第一，强者看重的是综合指标；弱者追求的是单一挑战。这是一个极为重要的区别，也是我们衡量强者与弱者的最关键的指标。

第二，综合指标的成长，可以让强者持久强大；单一挑战的胜利，则只能满足弱者一时的虚荣心。

在这个世界上，有一个道理你应该明白：成为强者的因素实在是太多了。既不是一朝成功，也不是一蹴而就。它是一个漫长的过程，也需要你在各方面的努力付出，再加上运气、时势、趋势、人际的保障，才有机会战胜种种艰辛，突破重重的阻隔，从一个弱小的人（国家）成长为强者（强国）。

也就是说，某一方面的成功并不能保证一个人成为真正的强者，比如有一个闻名已久的穷光蛋，人缘也差，没什么朋友，走到哪儿都被人嫌弃，在当地混得很不好。但是突然有一天，他走了狗屎运，中了彩票——奖金高达一亿元人民币。一夜暴富，成了大富翁。方圆几百里，没人比他有钱。他买房买车，娶了漂亮老婆，扬眉吐气。

现在你再来看他——他成功了吗？是社会的强者了吗？在传统的思维观念中，答案是肯定的，都觉得他咸鱼翻身，从此进入了富人阶层。人们都开始设法结交他，也敬仰他，佩服他。以前嫌弃他的那些人，这时主动跑过来围着他转，

希望从他手中分点好处，占点便宜。用我们中国人的俗语说，就是"一人得道，鸡犬升天"。八竿子打不着的亲戚都找上了门，想从他这里沾沾仙气，借点钱花。

这个人当然也很满足："我有钱了，我成功了，我不再是一名弱势群体了，从此以后谁也不敢瞧不起我！"

不过，请等等。从弱者转化为强者是一场定胜负吗？显然不是的，我们太过注重这些具体的东西——赚了多少钱、买了几栋房子。尽管也是衡量人生强者的因素之一，但却只是很小的一部分。决定性的部分是什么呢？是其他更加综合的指标——他的耐心、恒心、自制力、意志力、眼光、智慧等。这才是决定一个人一生命运的必要条件。

这个人并不具备后面的这些品质。所以，两年后，他这一亿元人民币就被败光了。怎么败的呢？他拿去做生意，赔了一半；另一半他到处借给别人，放高利贷，结果贷出去的钱收不回来。最后，他又回到了原点，再一次成了那个一无所有、被人鄙视、孤独到老的穷光蛋。

事实就是，一个人越是去突出某些单方面的东西，他们内在的东西就可能缺失得越多。因为弱者经常将自己的资源和精力投放到不必要和无法产生实际效益之处，而不是去全面地思考自己的投入与产出，冷静地为自己安排一个长期的计划。

什么是综合指标

就像一个人的身体一样，综合指标就是我们全身的健康指数。健康意味着并不一定每个器官都是最棒的，但它们的得分却都在健康线之上。这是真正的强者的追求。我的身体功能没什么太突出的，但器官个个都健康，这就够了。

反之，有些人的身体某一些器官功能特别突出，远远超出了大部分人的健康水平，但却也有很多器官的功能非常不健康，甚至处于削弱乃至衰竭之中。

比如有的人心脏功能特别好，跑步很厉害，大家都夸他身体棒。但他的肠胃却有严重的炎症，结果不到四十岁就患重病身亡。

是综合指标更强的人健康呢，还是单一器官功能突出的人活得更长久呢？答案不言而喻。我们宁可舍弃某一突出的功能，也要追求较高的综合指标，因为这才是长赢之道、是制胜之理。优秀的综合指标可以保证你平稳前进，虽然速度不会太快，但走得却很扎实。

什么是单一挑战

某一器官的功能强，意味着你赢得了单场挑战的胜负，在某一方面远远强于别人。这种感觉可能一度很美好：我很强，他不如我！你们都不如我！但成功仍然离你很远，因为你的健康水平依然很低，甚至于还会因为其他器官的衰弱让你有生命之虞。

这就是世界的真相与思维的秘密——我们与其一辈子都在某些特定的事情上为自己争口气，不如转换思维，去经营、提高那些看不见但却十分重要的东西，比如去积累你的综合知识，训练你的耐心、意志力，找到一个适合你的行业，然后韬光养晦，后发先至。沿着这样的思路，当你成为赢家时，才是真正的和持久的赢家，可避免昙花一现的悲剧。

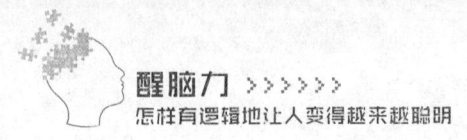

"做好自己"和"与别人比较"

强者的思维追求的是淡然的心境，他们只求做好自己。只要自己的事情做好了，自然就一切顺利；弱者的思维则集中一切精力去跟别人比较，刻意地突出某一部分，而且是专拣别人的缺点来与自己的优势进行对比。他们觉得只要在某一方面压过了对方一头，就好像占到了大便宜。可事实是什么？他始终活在对方的阴影之中。

总的来说，一个人的思维方式决定了他是强者还是弱者；一个国家全体国民的主流思维方式，则决定了这个国家的走向是强国，还是弱国。

年轻的时候我是一个热血沸腾的人，每天都在想：怎么才能打败对手呢？

比如刚到美国时，我就自认为是一个了不起的人。曾经在几个月的时间里，我占用了大量的时间罗列自身的优势：擅长分析、思维能力强、工作经验丰富、头脑冷静……满满的几张白纸，写下了自己的强项，然后我认为只要打败自己的对手就能成为真正的强者。

进入联邦调查局工作后，我打败了很多人，抓到了无数的罪犯，在审讯中也表现出了高超的技巧。但不幸的是，我发现还是有人比我强，总有些人、有些事是我无法控制的。于是我开始折磨自己，想办法提升——希望自己变得更强，打败那些更强的对手。我盯着他们，每天都努力训练，奋战在工作的一线，就像着魔了一样跟同事比较，跟罪犯较劲，把这当作一场终生的竞赛。

终于有一天，我感觉自己足够强大了，可仍然发现我自己并不是"最强者"，也做不到拥有"最强者"的心态，因为我自己才是最大的对手。一路走来，其实都是在跟自己比拼——但没有人可以彻底战胜自己并且超越自己的意志力。

改变你自己比什么都重要

1. 首先改变你自己：想成为真正的强者，就要改变你自己。改变是最伟大的力量，也是最富有激情的动机。就像人类的祖先，面对自然环境的变化，如果他们没有勇气从树上爬下来直着身子走路，人类文明还会诞生吗？假如你是一个穷困潦倒的人，你有没有胆量从现在的房子中走出去，用你的双手改变命运，改变你现在所有的缺点？敢于改变，才会拥有明天。

2. 保持平和的心态：强者的思维是谦逊的，也是淡然的。我们不是要站在所有人上面蔑视他们，也不是运用自己的能力和优势夺取本该属于别人的东西，并伤害别人的权益。强者必须平和冷静，也需要有一颗仁慈之心，平等地看待任何一个人。

3. 学会将自己摆在弱者的位置上：要做一个强者，先得做好一个弱者。低下头，看着脚下。脚踏实地地走路，避免掉进那些无谓的暗坑。一个人如果拥有了强者的能力，又站在了弱者的位置上，就等于把双拳收了回来。当你再把拳头打出去时，就能爆发出强大的力量。

4. 同自己较量：强者是在同自己较量的过程中不断成长、变强的，而不是在与别人的计较中品尝人生的酸甜苦辣。这意味着你要做自己的主人，而不是做自己的奴隶。

5. 征服困难而不是针对别人：你要做的所有的事情，就是去解决生活和工作中的每一个难题，实实在在地经地营好自己的人生。让那些困难一个一个地

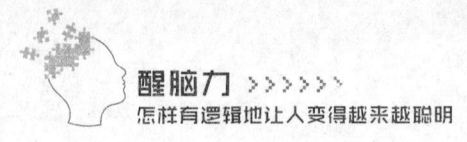

倒下，你的人生就是幸福的，你的命运也是成功的。假如你每天都在针对别人，试图征服那些挡你路的人，即便你最后成功了，也不会幸福的。

如何纠正我们内心的弱者思维

1. 在你感到自卑时——明白地告诉自己其实你也很优秀，只不过还没迎来表现的机会；

2. 在你感到落魄时——看到未来的希望并且暗示自己将会迎来人生的拐点；

3. 在你努力奋斗时——不断地告诉自己你其实还可以更加努力，并取得更好的成果；

4. 在事业遭受挫折时——不要迷失，而是立刻告诉自己这是一件很平常的事，因为没有人是一帆风顺的，只要战胜挫折，就能走向成功；

5. 在稍有所成就时——不要骄傲，而是告诉自己还差得很远，因为比自己成就更大的人比比皆是；

6. 在赚到了很多钱时——提醒自己以前曾经穷过，所以不能挥霍金钱；

7. 在感到畏惧时——告诉自己不要害怕，越是害怕就越会失去，因此必须一往无前；

8. 当经历内心的痛苦时——鼓起勇气把痛苦这杯酒一饮而尽，而不是到处倾诉、倒苦水。后者是弱者思维的表现，前者才是强者应该做的事情；

9. 当感到悲伤时——你要告诉自己伤心不过是暂时的，它不会陪你迎来第二天的朝阳，一觉醒来你会是一个全新的自己，重新上路；

10. 在收获人生的幸福时——你要告诫自己珍惜幸福，因为幸福总是来之不易，所以必须时刻守护，不能虚度光阴。

受害者心态

弱者心态或者受害者心理究竟是怎样的？我先举一个很简单的例子。一名高德公司的员工出差到多伦多，在飞机上他和一名乘客发生了不愉快。两个人先是争吵，继而大打出手，在客舱通道打成一团，差点造成飞机迫降。事情闹到了联邦航空局，有六七个部门介入这件事，差点把他当成恐怖分子拘捕。

后来，公司对这一事件进行了调查，发现他按捺不住对那名乘客发火的理由竟然只是对方在与他聊天时调侃了几句他的工作"辛苦得像一只猴子"。事件平息二十多天了，他在办公室向我汇报时仍然愤怒得上蹿下跳，无法控制自己的情绪。

他为自己辩解的理由也很奇特："我认为他侮辱了公司，因此我怒不可遏找他要一个说法！我觉得他必须向我道歉，但他拒不认错，所以我和他就打了起来。"

他说话时使用第一人称的频率特别高，这显示出他的自我意识非常强。不过我完全没有责怪他的意思，只是建议他分析一下自己当时的心理处境："是真的在维护公司的荣誉，还是感觉他蔑视了你，对你极不尊重，才冲上去抡拳头的呢？"

这时，他突然说不出话来了。的确，很多人在处理人际关系时很不理智，

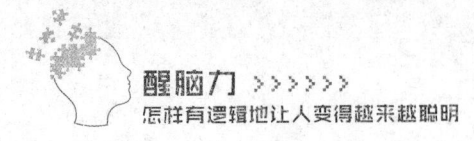
动不动就粗言相加，拳脚相向，多数情况下都是由于心理的弱势——他们将自己当成了受害者，而不是一个心理稳定的强者，才在没有直接冲突的情况下和他人的关系非常紧张，对别人说的每一句话、做的每一件事都十分敏感。你不知道哪句话、哪件事就会刺激到他的神经，让他与你关系紧张起来。

说到底，这就是源于一种弱者心态或者受害者心理。他没有强者的心理，自然就缺乏强者的思维，那么他一辈子都成不了真正的强者。

2009 年，公司刚成立不到 8 个月，我带了一支团队去越南访问。这是一段"奇妙"的旅程，因为中国人、美国人和越南人同时坐在了一起。我和助理是中国人，斯坦利和其他十几位顾问是美国人，接待方的公司团队中则是清一色的越南人。

这种情况，使第一天见面的氛围确实有一点尴尬。接机时还看不出来，大家有说有笑，聊得特别开心。但到了吃饭时，气氛突然就变了。在宽大的酒店包间里，在座的每个人都特别小心。

令我欣慰的是，越南公司的老总对此并不介意。他会心一笑，还主动地谈到了越南战争："美国人的装备很高级，但却被我们打败了，这说明做生意只有硬件好是不够的，还需要有相匹配的软件，因此我们极需对自己的员工、中高层的管理者进行一场全面的培训，让他们提高一下逻辑思维能力。"

一听到他这么说，全席都松了一口气。后面的聊天轻松了很多。他的态度就是：过去是灰暗的，但我看的是结果、是现在，所以我没有受害者心态，你们放心，在交流时对任何东西都不必敏感。一个人能坐到这样高的位置，一定有某些过人之处。我当时觉得对这位老总而言，他良好的心态就是一种强大的优势。

在洛杉矶华人社区，举办过一次由我们机构资助的活动。活动内容是邀请家长带着孩子参加问题竞赛，都是一些与学过的知识和身边的生活息息相关的问题，没什么难度，但却很考验孩子的反应能力和思维的深度。通过对竞赛过程的观察与分析，我们再视家长的需求，为孩子们量身打造适合他们的逻辑思维课程。

参加活动的人共计 300 多名，每 6 个孩子一组。他们来自整个洛城的华人家庭，组织到一起困难较大。因此，机构安排了专车把他们接过来，统一住进了市中心一座由华人投资的五星级酒店。

竞赛过程是这样的，进入考场以后，每个人的成绩都由两部分组成，两部分按顺序进行完毕后，再做综合评分。第一个环节是每个人单独回答主持人一个客观问题所取得的成绩，比如——爱因斯坦获过诺贝尔奖吗？为什么？人类是什么时候第一次登上月球的？那名宇航员是谁？为什么在两栋高楼间打手提电话会出现信号不好的情况？等等，都是比较常识性的问题，供孩子们发挥的余地也比较大。因为答案差不多都是唯一的，考验的是孩子们的记忆能力和反应速度。

真正重要的是第二个环节。我们让 6 个孩子聚在一起，共同讨论一个问题。主持人则躲在一边观察，不干涉。当然，议题是我们特别指定的，目的是考察孩子的思维能力和他们的心态。而且，我们对讨论全程进行录像，事后做成精美的 DVD 赠送给孩子的家长。

其中一个小组的议题是："二战"时期日本侵略了中国，现在几十年过去了，很多中国人都购买日本车，使用日本电器、吃日本料理、去日本旅游，你怎么看待这种现象？

这是一个很有意思的话题，参与讨论的 6 个孩子纷纷抢着发言。作为华人，他们明显对此议题很感兴趣，其中一个孩子（大约 8 岁）从座位上站起来，大声地讲了他的感受。他的声音很大，先讲了一些我们熟知的日本侵华的历史，然后痛斥日本军国主义。另外的几个孩子也表达了这样的心声，他们作为华人在美国的后裔，表现出来的对祖国的热爱令人感动。这也说明他们的家长都是

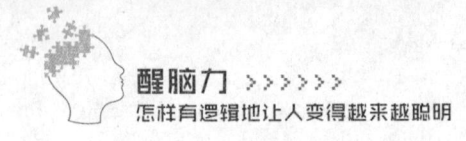

好样的，平时的家庭教育做得很到位。

但是，有没有人发现这里面的问题呢？我们的主持人在适当的时候打断了他们的讨论，参与到了谈话之中。这时，我们也邀请家长参与进来，共同对这个话题进行总结。主持人丹顿是个美国人，他平静地说："孩子们，我听到了你们的观点。很不错，热爱自己的祖国，这是很棒的行为，为祖国遭受过的耻辱感到痛心，这也是值得称赞的举动！我感到很骄傲，能与你们一起讨论这么重大的历史问题。但是，痛骂或者谴责可以解决问题吗，可以让过去的那段历史消失吗？"

听到这里，孩子们大声回答："当然不能！"

"那么，正确的做法是什么？"

"不知道。"有个年龄较小的孩子诚实地说。

丹顿轻声说："正确的做法不是仇恨，而是让自己强大起来。只有自己强大了，才能避免将来再发生这样的事情，不是吗？"

这时孩子们明白了，又一起大声地回答："没错！"

作为成年人，我们当然很容易从这些孩子的表现中读出一种典型的受害者心理与弱者的思维——这不能怪他们的家长，因为家长对此也缺乏认知。孩子的这种弱者思维受到了家长潜移默化的影响，从成人那里一代代沿袭下来，对自身命运的影响是巨大的。假如他只盯着抵制某些东西、痛恨某些东西，那么就从根本上忽略了建设自己，强大自己。

案例1：到底谁才是"猪"

在马路上，有一辆轿车正在疾驰，迎面开来了另一辆车。不知道是什么原因，开到他跟前时，对方闪烁车灯，摇下车窗，冲着司机大喊大叫："你是猪！"司机气坏了，也立刻摇下车窗，冲着已经远去的那家伙回敬道："你才是猪。"

但他的话音刚落，自己的车就撞上了从路边蹿出来的一群猪，侧翻到了路旁的沟里。

案例 2：愤怒的伤害

在硅谷工作的威廉先生发来一条短信，上面写着："卡特真卑鄙，他抄袭了我的代码，拿去向上司请功，成功地把项目搞到了他的手中，还告诉我这是'借鉴'，不是抄袭。"这个短信是半夜 3 点发给我的，而且发送了两遍，可见威廉为了此事一夜未睡，第二天的工作也肯定不顺利。

案例 3：傲慢的种子

有一位周先生，他最近升职了，管理一个新成立的部门。但这个部门还来了一位资格很老的员工当他的下属。周先生安排这名资深下属在周末时去参加一个无关紧要但却必须有人出席的营销活动，下属很客气地拒绝："呀，经理，真是不巧，我需要去医院看牙，已经约了号，您能安排别人去吗？"周先生顿时勃然大怒："你这个家伙太傲慢了，把谁都不放在眼里吗？"他在潜意识里早就埋下了"这个人是很傲慢"的种子，因此才莫名其妙地发作起来。

案例 4：脆弱的自尊心

有一位胡弗先生在波士顿的一家公司担任一个重要的职务，来到华盛顿公干。他毕业于哈佛大学，因此哈佛同学会在华盛顿的分会决定设宴招待他，一起聚一聚。本来安排得挺妥当，但就在当天上午，胡弗下飞机后，就接到了本地同学会的电话，告诉他由于一些不可逆的因素，今晚的聚会被取消了。结果，胡弗大为不悦，他认为自己的自尊受到了伤害，从此与华盛顿的这帮人不再联络。

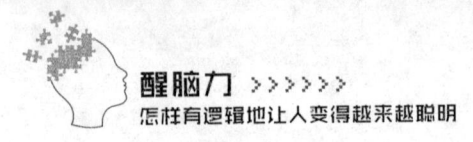

　　像这样的案例，我们在生活和工作中随处可见。有些人的过度反应也经常会让你感到莫名其妙，不知道哪儿得罪了他，或者说尽管他受到了伤害，但激烈的反应是否合适呢？说到底，弱者思维会让人产生一种起伏不定的刚性心理，就像弹簧一样，你稍微压它一下，它就立马反弹回来。不管在什么场合，这类人都是极难相处的。

推卸责任的逻辑

对现代人来说，你必须承担一定的责任。不管是想当强者还是弱者，抑或什么角色都不想当，也有某些天然的责任交到你的手上。在不同的年龄段、不同的职位或场合，我们各自承担的责任也是不同的。

但是，从本质上讲，责任就是一种付出，并非获得。但同时它与我们自己的收获息息相关——你承担了多少责任，就能收到多少回报。

要成为一名强者，就得主动地点亮责任的光环，把它扛在肩上，而不是像弱者那样丢在脚下，恨不得再踩上一脚。强者将责任看作是一种幸福的付出，认为责任可以让自己从心里迸发出最坚韧的力量，把自己锻造得更加强大。弱者却不这么想，他们视责任为负担，如同洪水猛兽，唯恐避之不及；他们害怕负责，也拒绝负责，自私自利的念头永远是他们的思想和行为的第一驱动力。

责任，首先是对自己的生活负责；其次是对工作负责。再往高级的方向走，就是对团队负责，对大家共同的事业担负神圣的使命。这就是说，责任有高有低。能力强的人承担大责任，能力弱的人可以承担小责任。但无论如何，我们都不能把本该属于自己的使命扔到一边不管。

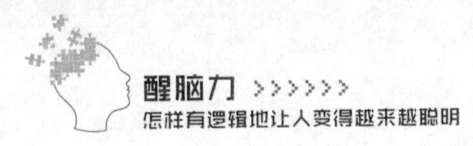
强者承担责任，弱者推卸责任

一个没有责任心的人，他永远不可能有所成就。一个没有责任感的人永远不可能理解成功的真正含义。因此，强者喜欢承担责任，弱者却总是习惯性地推卸责任。

你可以想象一下，一段没有方向的航程，如何能顺风起航？方向是什么？就是责任的动力，是我们行走和奋斗的终点。所以，大凡成功人士都是先从担当责任做起的；先让自己成为一个勇于负责的人，确立担责任的强者思维，最终成长为真正的强者。

1988年，只有24岁的杨元庆进入了联想，公司给他安排的第一份工作是做销售业务员。多年以后，他还清晰地记得，他骑着一辆破旧的自行车，穿行在北京的大街小巷，去推销联想产品的情景。

尽管刚开始时，他并不喜欢从事销售工作。但是杨元庆觉得，既然公司把这份工作交给了自己，那么就是一份不可推脱的责任。所以，他干得非常认真，并且卓有成效。正是销售的历练，杨元庆后来才能面对诸多困难而毫不退缩。也正是杨元庆敏锐的市场眼光和出色的客户服务意识，引起了柳传志的注意。

1992年4月，联想集团任命杨元庆为计算机辅助设备部的经理。杨元庆在这个位置上依旧尽职尽责，不仅创造出了很好的业绩，而且还带出了一支十分优秀的营销队伍。到了1994年，柳传志又任命杨元庆为联想微机事业部总经理，把从研发到物流的所有权力都交给了他。

像杨元庆这样的敢于担责而取得成功的案例，在现实中数不胜数。同样，因为丢弃了责任而一败涂地的故事，也随处可见。

1. 一个缺乏责任心的人，他的任何工作都不可能做出成绩，也实现不了自己预想中的目标。

2. 一个逃避责任的人，他也不可能对自己所做的工作和事业投注满腔的热情，执着与坚定地战胜一路遇到的困难。

3. 一个忽视责任的人，很多时候都是抱着不可告人的目的去工作和生活，即便取得一定的成就，也很难获得更高的突破。这样的人，往往一辈子只能停留在一个低水平的区域，成为不受人尊敬的角色。

责任心是人生幸福的基础

一个没有责任心的人，他人生的幸福也是无从谈起。他必定生活在痛苦与遗憾之中，每日为自己推卸掉的责任而惶惶不安。

有一位老木匠准备退休了。他告诉老板，说要离开建筑行业，回家和妻子儿女享受天伦之乐。老板当然舍不得他的好工人走，就问他是否愿意帮忙再建造一座房子，老木匠答应了，安排好时间就开始施工了。

但是每一个人都看得出来，他的心已经不在工作上了。因此，他的态度一落千丈，完全用糊弄的思维给老板盖这栋房子。他用的是软料，出的是粗活。结果，等房子建好的时候，老板把大门的钥匙递给了他："老先生，这是你的房子，这是我给你的退休礼物。"

听到这句话，老木匠目瞪口呆。他羞愧得无地自容，如果他知道这是在给自己建造的房子，又怎么会如此消极地对待呢？

在很多时候，我们中间的大部分人其实都像这位老木匠一样，用漫不经心的态度对待自己的工作，最后受损的恰恰是自己的生活。假如你对应该承担的责任不积极应对，不精益求精，不尽己所能，那么关键时刻，你一定会付出推卸责任的代价。因为你会被困在由自己一手建造的这座房子里。

所以，从现在开始，你应该——

1. 负责地对待自己和别人：为什么不能把自己当成一个对待自己和别人都富有责任感的人呢？你用负责的态度对他人，他人就用负责的心态回报你！

2. 像为自己盖房子一样对待工作：要像给自己建造一栋美丽的别墅一样，去对待自己每一天的工作。这样的心态和思维，就可帮助你将工作尽善尽美地做好，使自己没有遗憾地面对上司、同事和客户。

3. 踏踏实实地从每一个细节做起：就像盖房子一样，每天敲进去一块板，或者竖起一面墙，敲好每一颗钉子。只要把细节做好了，整体也不会差。

如果能做到这三点，你的人生还会留有遗憾吗？显然是不会的！我们的生活和工作都很难有推倒重来的机会，这个世界给你提供的好机遇也大多只有一次。因此，必须全力把握，用全部的身心付出，才能对得起上天给我们的恩赐，不浪费自己人生的宝贵岁月。

从自己做起，才能成就自我

培养责任心，必须从我们自己做起，强大自我的意志力，鼓起自我担责的勇气，最后才可以成就自我。

有一个寓言故事。上帝颁布了一道旨意，说假如哪一个泥人能够走过他指定的河流，他就会赐给这个泥人一颗永不消逝的金子般的心。这道旨意下达以后，泥人们都吓坏了，他们久久都没有回应。大家都知道，泥人最怕水，进了河里面，马上就化掉了，怎么可能还能走过去呢？所以这简直是在找死！

也不知道过了多久,终于有一个小泥人站了出来,说他想过河。"泥人怎么可能过河呢?"到处都是质疑的声音,同伴都劝他冷静、淡定,千万不要自寻死路。但是小泥人决定了就不想改变,他决意要过河。因为他不想一辈子做一个小泥人。他也想改变自己的命运,让自己过上天堂一般的生活。

面对同伴众多的嘲讽与担心,他义无反顾地踏入了河水中,一种撕心裂肺的痛楚顿时覆盖了他。他感觉自己的双足正在飞快地融化,每一分每一秒都在远离自己的身体。一步一步,这一刻他明白了,他的选择使他连后悔的资格都没有了。如果现在退回岸上,他就是一个残缺的泥人。而在水中迟疑下去,也只能让自己更快地融化。此时对他来说,上帝的承诺比死亡还要遥远,但他不能后悔,只能前进。

小泥人只好在河里孤独而倔强地向前走着。这条河流仿佛变得越来越宽,就好像耗尽一生也走不到头似的。他往对岸看去,美丽的鲜花、碧绿的草地、快乐飞翔的小鸟。也许这就是天堂。可这一切都是那么遥不可及。不过,他仍然在坚持,没有丝毫退出这场赌博的意思,因为他这完全是为了自己而奋战。

不知道过了多久,眼看他就要绝望了。小泥人突然发现,自己居然已经上岸了,宽阔的河流就在他的后面。此时,他如释重负,欣喜若狂,正想往草坪上走,又怕自己身上的泥土玷污了天堂的圣洁。他低下头,开始打量自己,却惊奇地发现,他已经什么都没有了,除了一颗金灿灿的心。这时,上帝果然兑现了他的承诺,让他完成了由泥人向神的转变。

一句话:你为自己负责,从自己做起,才能最终成就自我,完成人生的蜕变。

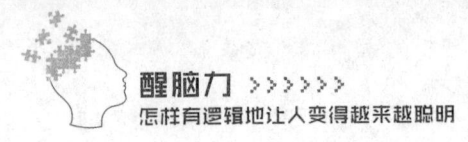
一个人的能力越强，他的责任也就越大；反之，一个人责任承担的越多，他的能力才可能一步步得到提高和凝聚。因为在这个过程中，他的思维也得到了锻炼，智能也获得了提升。在任何时候，一个自私自利、不想付出、不肯冒险的人，在这个社会上都将难以立足。

　　谁愿意和一个没有责任心、没有责任感的人一起工作和生活呢？没有！只有那些能够也敢于从自我做起、愿意多付出少索取的人，才可以最终成就自己的一生，取得事业上的突破，获得成功且幸福的结果。

迟迟不能接受现实

在联邦调查局工作的那几年，有一段时间我在全世界各地出差，协助处理跨国犯罪。有一次我去非洲的坦桑尼亚，遇到了一个从费城某个小镇出发周游世界的流浪者考尔德。他大概有 7 年多的时间一直过着流浪的生活，徒步、搭车、骑行……扔掉了移动电话，带着全部的积蓄，也不再跟家人联系。

当我问他，处在一个封闭的环境中，也不了解新闻，对自己的家乡还有什么印象时，考尔德淡淡地笑了笑，说："很多事情都忘记了，记不起来了。"

他的故事对我触动很大，跟他聊了很久才分开。回到酒店，我把这件事讲给哈罗德听。哈罗德不屑地说："他们都是一群抛弃现实的人。因为接受不了失意的生活，才采取这种极端的方式，用流浪的方式让自己忘记现实中的痛苦。"

老上司的这个观察角度给了我另一种参考和收获。抛开家人独自去流浪的人，多数是出于什么原因呢？也许他们已经取得了世俗的成功，曾经是非常有钱的人，但一定有某种原因，使他们厌弃了现实，所以才下定了这么大的决心。这就涉及不同的心理诱因和思维模式。

第一，凭借自己的能力无法在现实社会中生存，所以选择了逃避。至少流浪看起来也不是那么坏，走到哪儿都能被当作有闲情逸致的旅客而受到体面的招待。

第二，失恋的，或者对感情生活有绝望情绪的。为了摆脱恋人的身影，只好到处"欣赏美景"，跑到异国他乡，断绝与家乡的联系，强制自己忘记现实。

第三，投资失败的，做生意破产的，为了避债而使自己在人间销声匿迹。看起来这是一种不错的方式，但显然这也是无法面对现实的表现。

第四，遇到了难题解决不了或者不敢面对，凡此种种的都属此列。因为凭借自己一己之力解决不了，干脆就逃避现实，从自己熟知的世界中消失，觉得谁也找不到他了。

因此，我后来也在培训中对学员们讲，不敢面对现实的弱者、逃避现实的受害者，都喜欢把自己包装成"流浪客"。当然，不是每一个逃离现实的人都去当了流浪客。他们的心理和思维方式是一致的，为了在逃避的同时又能心安理得，就会给自己安排一个新的"身份"。就像有的人在现实中实在解不开某种心结，就出家当了和尚，或者去教堂做了忠实的信徒。和尚和信徒，就是他们给自己的新身份。

你是入世积极面对，还是出世消极逃避

面对失败和挫折，我们经常认为是一件失意的事情引发了我们的某种情绪反应，比如沮丧、痛苦、耻辱等。但是心理学家埃利斯却觉得，未必就是这样的。他说，其实是我们内心的观念或者说心态决定了我们的情绪。因此，强者的心态在面对挫折时，产生的情绪与弱者完全不同。强者会想："呀，我正等你来呢，我要把你打败。"立刻就兴奋起来。弱者呢？他们的思维方式决定了，当挫折出现的一瞬间，就已经把他击垮在地了。他能想到的只是："我真惨，命运对我真不公平，上天真没长眼睛！"

人生之事，不如意者十有八九。没有人可以控制每一件事情，比如做生意失败、生老病死、海啸地震、股市的涨跌以及各种意外与不幸的降临等。谁敢拍着

胸脯说他可以成竹在胸？没有谁可以！但是我们却能够自由地选择自己的心情。

你是积极地面对一切问题？

你是消极地逃避它们？

你是接受现实的同时去改造现实？

你是逃避现实的同时去憎恨环境？

在荷兰阿姆斯特丹有一座 15 世纪的教堂遗迹，上面写着这样一句话："事必如此，别无选择。"什么意思呢？就是面对不可改变的事实时，让心情沉静、让思维冷静，因为你已无可选择，所以抱怨或愤怒都是没有意义的行为。还不如安静地看着现实，接受它，再想办法把损失降到最低。

在无法改变不幸或者遭遇不公的厄运时，任何人都要学会接受不可改变的现实。

第一，接受现实是克服任何不幸的第一步，也是强大自己的开始。即便你实在不能接受命运的安排，也要先让自己接受现实，再谈论其他的事情。如果你连一个失败的结果都不能接受，又怎么有机会接受将来的成功呢？因为能退才能进，放得下，将来才能拿得起。

第二，面对失意的现实，我们唯一能改变的只有我们自己。这就是强者的思维。弱者从不想改变自己，只想别人为他而改变。但强者却能首先想到自己的缺陷，去弥补、去提升素质，然后让别人自动为他而改变。这是由弱到强的必经途径，也是唯一的通道。除此之外，没有任何捷径可以让你从弱者变成一个强者。

第三，不要把你自己当前的一切情绪都归于现在的事件、现在的人和现在的关系，不要因为自己暂时的不幸怪罪任何外界因素。从表面看，好像正是这些因素决定了你糟糕的现状，甚至让你"生不如死"，但实际上，这种种情绪的源头，以及导致你产生负面情绪的罪魁祸首还是藏在你的心中——是你对事

情的想法和态度、是你分析思考问题的思维逻辑导致了这种局面。既然它完全由你主导，那就说明你完全可以用积极的心态去改变。因此，我们无法左右现实，但却完全有能力左右自己的心情。与其怨天尤人，不如立刻平静地接受现实，并且告诉自己：是的，这就是事实，但我有什么办法呢？我不会和它对抗。因为对抗没有丝毫的好处。

第四，最好的办法就是先让自己从容地接受现实，然后再想一想，自己是不是有能力离开这样的现实？如果有能力，应该如何去做？如果没有能力，应该怎样提高自己的相关技能，让自己变得强大起来？带着这样的心态，用理性的思维面对问题，就会在接受现实后，找到新的起点，然后才能重新开始。

接受不可避免的事实，才能获得改变未来的机会

有一位管理学家受邀到我的机构讲课，他在课堂上说："我希望你们每个人都可以拥有三种思维：第一，努力做好自己能够做到且可以改变的事情；第二，接受自己不能改变的事情，不要为了自己不能改变的事情而苦恼；第三，拥有辨别这两种事情的思维，不要轻易地发生判断的错误。"

如何面对不可避免的事实？他接着说："让自己像森林中的树木一样，面对飓风顺其自然。风来了你怎么办？既不是低头，也不是伸长脖子，而是顺风摇摆，我自岿然。"这其实并不是多么高的人生境界，也不是让你逆来顺受，束手就擒或者不思进取。恰恰相反，它是一种积极的态度。

在顺其自然中，伺机而动，等待一切可以挽救的机会，然后抓住机会，迅速出击。但是，强者之所以为强者，正是因为他们在没有机会时的表现值得我们学习——在发现形势恶劣、无法挽回之时，不幻想出现奇迹，不做无谓牺牲或者拒绝面对，而是理智接受，且是迅速接受。只有这样，才能留下东山再起的资本。

就像比尔·盖茨说的:"很多残酷的事实,人们是无法逃避和无法选择的,抗拒不但可能毁了自己的生活,而且会让自己的精神受到严重的打击。所以,聪明的人在无法改变不公和不幸的遭遇时,从来都是在第一时间接受它、适应它。他们对此毫不犹豫,也不觉得羞耻,因为这是一件再正常不过的事情!"

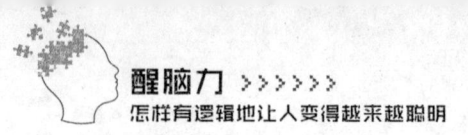

先战胜恐惧吧

恐惧是什么？就是我们对"自我"之外的一切映像的害怕与犹豫，也是一个人的思维能力较弱和不自信的心理体现。

有的人可能害怕照镜子，因为他们不想看见自己的面孔与身影；

有的人甚至恐惧独处，因为他不知道如何才能与自己相处，这是一种异态恐惧症；

有的人则害怕当众发言，一旦让他说两句，他就会表现得过度羞怯，不知所措；

有的人则属于社交恐惧症，不知道如何与他人相处，每当到人多的地方或遇见陌生人，就局促不安；

有的人甚至连昆虫和小动物也害怕；

有的人则不知道该怎样与这个世界相处，他们畏惧雷电，害怕黑暗，行为孤僻，远离人群。

那么，你必须先聆听一下自己内心的恐惧，并学会与它们正常相处，再看穿它们的面目，找到穿越过去的路径。

你是否在恐惧未来

萨特说："每个人都会感到害怕。每个人，那些一点不知道害怕的人，并不能算是正常的人。"孟德斯鸠也认为，羞怯于他的生活曾经是一种深重的灾难。

2010 年，一位叫多丽斯的 29 岁女孩找到了我。她的父母在波士顿，而她在华盛顿的政府部门工作。从履历看，多丽斯应该是一名成功女士。她家境很好，工作让人羡慕，薪水也足以支持她成为令人嫉妒的中产阶级。

但她却不屑地点评自己："我就像一堆烂泥巴，扔在路上都没人愿意踩我一脚。"

我很惊讶。经历了怎样的生活，才会让她这么鄙夷自己？

多丽斯认为自己历经失败，她觉得自己什么都做不好，对未来也感到惶恐不安。她的第一次失败是三年前和男友分手。一次没有缘由的分手让她对自己产生了怀疑："我是不是没有吸引优秀男人的基因，没有一点东西是男人看得上的？"她为此不断求证，逐渐走火入魔。具体表现在，她连续几个月给前男友发短信、打电话，拼命地想破镜重圆，重归于好。遭到无数次的拒绝后，她患上了自卑症，从此恐惧爱情。直到现在，面对男人的追求，她始终是拒绝的，也是惶恐的。

第二次失败是一件小事——却严重打击了多丽斯的职业心态和对工作的自信。她的上司是一位刚进入更年期的女人，这个阶段的女士通常都是易怒和喜欢攻击年轻女下属的——这可以让她找回一些心理上的平衡。多丽斯不幸地成了她这些无名怒火的发泄物。她从上班的第一天起，就以每周 5 次以上的频率被叫进办公室遭到"有理有据"的训斥，从工作能力到穿衣风格，无不被上司拿来冷嘲热讽，品头论足。

忍无可忍的多丽斯在两个月后给投诉部门写了一封邮件。上司立马被解雇

了，这种行为是政府丑闻，不会被容忍。但多丽斯的"末日"也到了，新的上司对她十分警惕，也无比冷漠。既不重用她，也不解雇她。她就像空气一样被安置到了一个角落，每天的工作就是进门、坐下、填写报表、下班走人。

多丽斯苦笑着说："这简直是最高等级的羞辱，无人理睬我，我必须辞职了。"

我说："等等，听起来这都不是什么大问题，你害怕什么呢？"

她马上说："我害怕每一天，害怕早晨醒来要面对的事情，害怕未来孤独终老，害怕自己无人问津，害怕一生都被人唾弃！"

这是典型的弱者心态。她已经开始用弱者思维考虑问题了，并恐惧那些自己应该担负的责任。多丽斯应该怎么办？我建议她什么都不做——对同事和上司，不要采取任何行动。她应该先面对自己，将过去的历史盖棺定论，最后再重新开始。

★倾听恐惧：你应该倾听自己的恐惧，包括任何不能接受的恐惧。因为当你面对危险时，恐惧是宝贵的警报系统。它能帮助你认清现实，制订方案，避免或摆脱危险。但你不应该总是躲避它和害怕它，甚至一味地服从它；倾听恐惧，才能知道它的发生机制是什么，并清楚地看到它对你的实质影响。

★划分责任：有些恐惧你是不需要担负责任的，比如严重的疾病——这些人生中必须面对的过度而难以控制的巨大恐惧，我们每个人都不负有更多的责任，只需要从容和坦然地接受即可。需要你担负责任的是那些思维上的恐惧，它牵涉了一个人的勇气、理性和智慧。人与人之间很容易在"与恐惧的搏斗"中分出高低贵贱。

★了解恐惧：我们没有选择恐惧类型的权力，它总是不期而至。但我们却可以选择更好地了解恐惧。这么做的目的就在于：做好充足的准备，练习抵抗与反应思维。当你下一次面对它时，就能够采取更好的行动。

怎样战胜恐惧思维

我们在不同的时候都产生过恐惧，这可能包括面对任何事情的时候——在它们面前，我们曾经颤抖过、前进过、后退过、讨论过、思考过。当然，多数情况下我们都战胜了这种困境，从容地走了过来。战胜恐惧是人类的本能，这没什么问题。但如果是一些特殊情况，你就应该采取一些特殊手段。

比如：在大庭广众下进行战胜恐惧的训练。

我和斯坦利曾经在超市的货架前对着一排排的商品凝神注视长达 20 分钟，当超市的保安们急急忙忙地赶过来检查我们在做什么的时候——参加的人数足有 30 人，我们才耐心地向他们解释：这是一次控制专注力恐惧的训练。

人们总是恐惧专注，比如一旦需要长时间的定下神来做某件事情，有的人就会产生浮躁情绪，表现得十分不耐烦。这是我们与学员共同参与的长期课目——旨在让他们了解一个人可以与自己恐惧的事情对峙多长时间，以增高自己的专注力，不被其他事物分神。

在和学员邦达一起去地铁进行喊叫训练时，有一位乘客甚至深信我们的喊叫声已经被旁边的助理人员秘密地录制了下来，以便完成一档有趣的电视节目。后来他主动过来询问邦达是不是电视台的主持人，踊跃报名想参加我们的"节目"。

邦达释然了，说："这一刻我突然觉得自己站在了高处，不再害怕搭乘地铁了，因为我不再觉得陌生人都是神秘的，反而他们对我有这种感觉。"

恐惧对我们来说是一把双刃剑：有些恐惧可以拯救我们，让我们避免发生意外，比如恐高症使你不敢爬上高楼；有些恐惧则让我们承受切肤之痛，因为它意味着我们失去了珍贵的东西；有些恐惧则可能会限制我们的自由，比如对失业的恐惧会让你满足于当下微薄的收入而不敢跳槽。

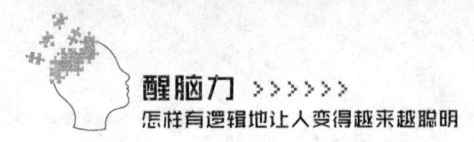

　　但是，无论如何，当你承受过度恐惧折磨之时，最好的办法不是逃避它们，而是让内心那个强大的自我陪着你去直面恐惧。你鼓起勇气，直直地盯着它，与它进行斗争。为了迎击恐惧，你需要展现出自己的勇气与力量。你要表明一个事实——屈从于恐惧的人都是弱者，而我决然不是！

第五章

空想和梦想的区别

第一标准：可实现性

首先有一个明确的标准我们都知道，那些类似于"永动机"式的梦想，就是毫无疑问的空想。奇怪的是，此类想法大行其道，在现实中招摇撞骗，经常可以欺骗很多人。人们对此缺乏足够的分辨力，也没有一种理智的分析工具去称量两者的区别。

人们对自己也是如此。他们不知道空想和梦想到底意味着什么，经常将之混为一谈。面对 A 和 B 两个目标，前者毫无实现可能，甚至是荒谬不堪的，后者非常实际，很容易实现，人们却总是在潜意识中选择前者，在失败的泥潭中越陷越深。

我的伙伴斯坦利说："这大多是缘于人们总是有不切实际的梦想，因此越是不易实现的东西越能引起他们的兴趣，让他们趋之若鹜，不惜飞蛾扑火也要体验一把。"

"你的梦想有多少实现的可能性？"

在日夜奋斗之时，你有问过自己这个问题吗？

人生就是过把瘾就死吗？不！梦想的第一标准就是可实现性。如果你找到了一个可以实现的路径，那么再高远的目标都不是问题。但如果没有找到，你面对的就是一堵坚固的高墙，永远难以逾越。

在最近 10 年的国际舞台上，许多女性也走上了政治的前台，比如奥巴马的妻子米歇尔，她向我们演绎了一个女人是如何完成自己的梦想的。尤其是，作为一个女学霸，她完成了一个华丽的转身成了政治人物。米歇尔的故事表现出来的并不是奇迹或空想，而是实现梦想的路径。

就是说，如何嫁给一个美国总统呢？答案就是——我要比总统更牛。这就是可实现性，也是梦想区别于空想最重要的地方：方法。

对，就是方法！你不需要研究怎样买中三千万美元奖金的彩票，因为这种空想没有方法，全凭运气；你也不需要琢磨如何才可以在未来的一年内成为巴菲特式的人物。这同样是缺乏可实现性的空想；你最需要的就是立足于现实，看看自己拥有什么能力，在可预期的将来，能够做什么。

正是梦想的可实现性，才让我们的生活变得有趣，让我们的思维具有了明确的方向，并能充分调动自己的知识和学习能力，来创造实实在在的价值。这恰恰也是我向年轻人推荐的思维——首先拒绝空想，找到踏实的梦想，一步步让梦想变成现实的过程。生活在这样的过程中，人们才可以体会到思维的乐趣，并且不断地提升自己的能力。

基于理性分析的设计

上个月，我对自己在国内的一位学生的梦想进行了一番分析。他在北京见到我，和我谈了两个小时。他现在读大四，而且马上就要毕业了。对自己的未来，他当然有一番美妙的设计。

他说："我很崇拜马云，他是我的偶像，也是我的榜样。我毕业后不会进入单位，虽然已经收到了十几家大企业的邀请，我不想让年轻的生命浪费在那些庸者才配坐的椅子上。"

"哦，那你想做什么呢？"

"我有一个计划。毕业后的半年内，我要拿出一份商业计划书，是关于手机 APP 市场的。我想联合一个技术团队开发一款手机应用软件，再用两个月的时间筹集五百万元人民币的启动资金。未来三年内，我就可以把公司上市，做成一款全球流行的应用，就像苹果商店一样，我要让全球生产的每部手机都安装我的应用，这是我的梦想，也是我创业的动力。"

我一边点头，一边纠正他："是的，这很好。但是你知道吗？手机 APP 是一个新兴的市场，也很有前景。但你没发现这个新市场的成长速度很惊人吗？以至于早就达到了资金饱和的程度。人人都在谈论它、人人都在争抢机会，这对年轻的创业者似乎不是什么好事。并且，五百万元资金就你的条件来说困难了点，且对启动一个如此宏大的项目来说也太少了。"

他有些沮丧："那我该怎么办，是不是我的梦想没有一点实现的可能？"

"不，"我再次纠正他，"梦想是好的，完全有可能实现。我只是觉得，你在分析和设计这个目标时，需要保持理性，比如能不能先给自己一两年的准备期？在这段时间，进入一个实力雄厚的 IT 公司积累经验和资源，等时机成熟了再开启你的梦想？"

这恐怕是最起码的理性了。当一个人为了自己的梦想做出疯狂之举时，那么他就失去了最基本的理智，梦想也可能立刻变成空想，使他一事无成，后悔终生。

让理性梦想在每天清晨叫醒你

有一位励志家曾说，每天清晨叫醒你的，不是闹钟而是你的梦想！这话没错，听起来很有力量，但梦想也分高低——是感性、冲动的，还是理性、现实的？你不能在早晨醒来时就想马上变成一个可以拯救全世界的人，或者被一个"三个月内成为亿万富翁"的梦想叫醒。假如真是这样的话，我认为你的清醒是毫无价值的，你还不如继续沉睡。因为沉睡至少可以避免你为了冲动的梦想付出惨痛的代价。

几乎每个人的身边都有这样的朋友、同事、亲戚或其他人。我们随处可见这样的人，他们天天无所事事，游手好闲，对工作没兴趣，但和你谈起理想来却头头是道，美丽的梦想一个接一个，眼睛瞪得比电灯泡还大。看到他们那种对梦想的憧憬，就好像只要给他一个机会，他就能摇身一变成为全世界最成功的人一样。

对大多数人来说，应该远离这样的人，也必须避免自己成为这样的人。缺乏理性的分析，梦想就是毫无价值的；缺乏自知之明，梦想就会对我们的人生

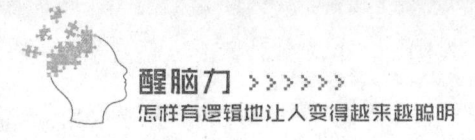

造成巨大的伤害。按部就班地经营现实，选择性价比最高的目标，才是我们最理性而且最应该做的事情。

丈量梦想与现实的距离："我需要付出多少代价？"

实现梦想的代价很大，这也包括时间代价。没有不需要一定的时间就可以实现的目标，即便你的目标是毫无难度的自杀行为，也要有一段时间进行酝酿，不是吗？时间是生命存在的标尺，没有时间的流逝，你无法验证自己的思维是否正确，也无法判断自己的梦想能否变成现实。

因此，对梦想与现实的距离，你一定要理性地把它丈量好。

比如你马上高中毕业了，要为自己选择一所中意的大学。这是一个可行的梦想，也是我们必须迈过的一道关卡。应该如何理性分析呢？

首先，你要想清楚自己未来希望从事的行业，判断所有行业的发展前景，从中锁定一个行业。

其次，你要找到与这个行业相关的排名靠前的大学，或者最符合你成绩的大学，列一个名单，从中选出五到八个。缩小范围后，再进行更细致的分析。

最后，你要参考一下别人的意见。尤其是寻找这些学校中的师兄、师姐的评价，把他们的意见作为一种很有参考价值的资料，结合自己的条件、需求进行最后的判断。

经过这三个阶段的分析，我相信就为自己的梦想锁定了一个最终的，也是最恰当的目标。如果没有这样的分析过程，你的选择很可能就是盲目的，也有可能会做出错误的尝试，付出很大的代价。

幻想家经常坐在床上，而不是站在山上

我们理想的成功，还取决于爆发和行动的密集程度，这关乎个人的习惯和做事风格，在最短的时间内采取最大的行动，以速度取胜是衡量一个人的思维效率的标准，也是一个人的梦想成熟与否的重要标志。实干家拥有可以把不甚完美的详尽计划执行到最好程度的技能，他们在行动中就可以创造完美。这是信息时代与过往的传统的不同之处——胜出靠速度，行动成就未来。也就是说，幻想家的末日到了。

我们需要行动，不需要观望；我们需要理想，但不需要幻想；我们需要激情，却不需要矫情。

有多少人真正明白这意味着什么？激情思维我们知道，投入激情去奋斗嘛！就像布鲁克林的多拉说的："我工作起来可以一宿不睡，连续工作十几个小时也不觉劳累；我可以十年如一日为了目标而努力，不会感到丝毫厌倦。"这就是激情。

那么，"矫情思维"是什么？是整天在你跟前嗲声嗲气的人吗？不完全是。他们矫情的是自己的梦想，而不是作态。大凡喜欢跟你大谈理想几个小时不住嘴的人，都可以算是具有矫情思维的人。一般来说，那些总有时间坐下来跟你探讨梦想、畅想未来的人，他们基本上都是行动的矮子。他不管说什么都是天

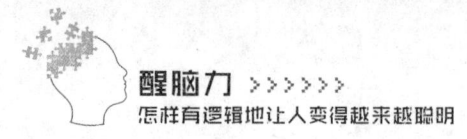
花乱坠。让他做点什么，对不起，他马上退避三舍。

21世纪初，我在新加坡短暂工作的一年中，我交到了一位当地的朋友朱先生。朱先生的绰号是"卧室宅人"，号称平均每天有20个小时待在卧室——这是真的，他就是这么做的，毫不夸张。我去他家做客，亲耳听他的母亲严肃地讲他的故事，不断地嘱咐我要像宝贵的朋友那样带朱先生走出家门，多去外面走走，好改变儿子的看法。朱先生则在另一个房间大声吼，让他母亲闭嘴。

尽管朱先生与卧室似有上辈子的不解之缘，动不动就关上门在屋里不知道在干什么，但他同时又是一位想象力惊人的畅想家，还是小说家、政论家、财务专家。当然都是他自封的，是他未来的头衔。

他说："请相信，当你下周看到我时，你会对我顶礼膜拜？"

"理由？"

"我正在学习财务知识，马上就能掌握其中奥妙，我认为自己可以从事财务工作。当然是去那些大公司，我不会为一些小企业浪费脑细胞。"

当你下周见到他时，他的头顶果然闪着光环，但却是另一种耀眼的光芒。因为他要抛弃财务工作了，准备投身时评行业："我对政治感兴趣，也有天赋，我准备去电视台做政论家，点评世界各地发生的新闻，告诉人们我的观点比什么都重要。"

朱先生还曾设计了一个网站的项目。这倒是由他亲自完成的，他的此一理想是开办一家新闻网站，把全世界每天发生的紧急事件第一时间进行更新，并附上点评。他为此取了一个名字叫作"捷讯"——喻为快捷的资讯，还写了两万字的网站运营规划。我听说以后，十分惊讶，就向他要过来看了看，感觉很不错：虽然在现有的条件下盈利的可能性不是太大，但至少能让这小子有点事干，我就准备帮他筹集一部分资金，把网站建设起来。

可是，当我联系好了几家意向投资方，给朱先生打电话商议会面的时间时，他在电话中懵懵懂懂，云里雾里："什么网站？"我当时就挂断了电话，再也没有联系这个朋友，从此就当这个人在他舒适的卧室中"得道升仙"了。

一个人想在竞争日益激烈的社会中生存，当然需要有一定的积极正面的幻想——幻想是挑战的基础，也是梦想的前提。一个不懂幻想的人，他也就没有理想，想象力也会非常匮乏。但重要的是，我们在幻想的基础上要知道心动不如行动的道理，时常应该将行动放在更关键的位置上。

我们只是坐在家里想是没有意义的，还必须行动起来。否则就成了三分钟热度，没几天就放弃了旧幻想，开始了新幻想。因为，只是心动的话无法让我们接触现实，只会终日沉浸在幻想之中，只有行动才能让我们最终走向成功。所以，当你有一个想法时，最好的做法是在心动之后采取果断的行动，让空想走开，让梦想进来。

■ 不要等待：因为真正属于你的机遇并不多，况且机遇从来不会主动上门，更不会在进门后还要去敲开你的卧室。所以，走下床吧！打开窗户，呼吸一下新鲜空气，然后迅速走出门去，抛下幻想，看看外面的世界需要你做什么。

■ 行动第一：行动永远比幻想重要。只有行动才能证明你的梦想不是空想、你的计划不是幻想；也只有行动才可以帮助你验证自己的思维与能力，帮你展示自己的实干精神，取得成果。

■ 不要抱怨：必须直面现实中的问题和矛盾，找出解决的方法与路径，只知道坐在原地怨天尤人只能表明你的无能，而不是让人了解你的梦想。

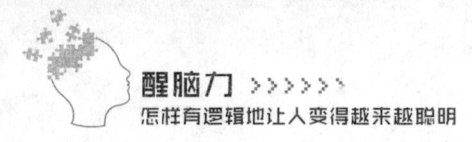

第二标准：结果

　　没有结果，过程就毫无意义。甚至可以这样说：没有好的结果，所有的设想与过程都是没有价值的。这对所有的事都是如此，对每一个人也都适用。这就是为什么我在逻辑思维训练营中一再强调"杜绝无效思考"的原因。

　　"无效思考"是什么？说白了，就是你想了半天却发现于事无补，一点意义都没有。

　　你可能对此已产生怀疑，甚至准备与我大战三百回合，想告诉我过程有多么重要。但我能告诉你的就是——除非你准备用血淋淋的事实教育你自己，否则不要让自己在现实中进行空洞无力和没有结果的思考，比如像哲学家那样对待工作。

　　罗曼·罗兰说："缺乏理想的现实主义是毫无意义的，脱离现实的理想主义则是没有生命的。"

　　假如我们的心中没有一个造房子的梦想，即使你拥有天下所有的砖头也没有用；但如果你只有造房子的梦想而没有砖头，那么你的梦想也根本无法实现。通俗地说，为了收获一个预定的结果，我们必须准备可行的工具、材料，并进行必要的储备。

　　在三十几年前，我像无数年轻人那样喜欢思考一些杂乱无章、没有头绪的事物。我认为自己有诗人的细胞，有散文家的天赋，有小说家的潜质，甚至我可以成为一位像黑格尔那样的哲学家。我每天花费几个小时思考这些东西，训练我的思维，但直到工作后我才发现——除了从中收获的教训之外，我没有得到其他任何有益的东西。

结果是评价梦想可行性的第一要素，我们要在思维逻辑中纳入这一条标准。

1. 结果必须是计划内的：将梦想化为一项计划，并在计划中规定一个必须能够实现的结果。这是结果的第一要素。也就是说，我们在做计划时就要把可能获得的结果考虑在内。你不能告诉自己"我不知道这么做会如何"，然后就上路了。这样做是很危险的。

2. 结果必须是可以量化的：量化的含义就是可以计算、考核、修正和用来反思的，比如你计划一年内赚到三百万元，或者赚到五百六十万元，这就是量化。你不能有一个"年底赚一些钱"的梦想，因为"一些钱"无法量化，太宽泛了，可以是一百万元，还可能是几千块，没有办法考核。

3. 结果必须是客观理性的：我们规定一个需要实现而且可以实现的结果，不能是一个没有办法达到的高度。你希望自己 10 年内买一辆现代 SUV，这就是理性的结果，也是客观的。因为 10 年内你可以攒很多钱，足以攒够一辆现代 SUV 汽车的首付甚至全款。但如果你希望自己 5 年内可以全款买一辆路虎，对大多数人来说这个目标就非常不符合实际了，因为没有多少人可以在这么短的时间内赚到两百万元左右的人民币。

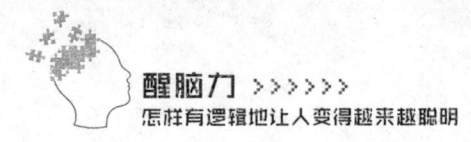
四项容易忽略的关键对比

一、逻辑推测与理想渴望

■ 梦想：人们面对现实的环境，通过科学的逻辑推测得出的对未来可能实现的目标的设计；

■ 空想：人们对某种理想的渴望达到一定程度后形成的目标，它是一种理想的渴望，却未必是一种理性的计划。

二、可实现与不可实现

■ 梦想：尽管两者都是我们对美好事物的一种憧憬和渴望，但梦想在一定程度和一定条件下具有可实现性，通过努力是能够实现目标的；

■ 空想：即便拥有了一定的条件，空想也往往不可实现，因为它本身就是十分空洞的构想，是建立在不现实的基础之上的渴望。

比如像下面的目标是属于梦想还是空想呢？

1. 我想成为世界短跑冠军（这是可能实现的，属于正常的梦想）；

2. 我想成为世界首富（经过一定的努力，设定一些条件，也可能实现，属于难度较大的梦想）；

3. 我想长生不老，永远不死（即便有再多的先决条件，这一目标也无法实现，因此像这样的就属于空想）。

三、符合规律与不符合规律

■ 梦想：符合自然、社会与人生规律的目标，在自己的能力范围之内；

■ 空想：不符合自然、社会与人生规律的渴望，超出了自己的能力范围。

四、最容易被忽略的条件转化

■ 梦想：有些目标刚开始不能实现或很难实现，但通过个人的奋斗和努力，却能把这种"空想"转变成可行的梦想，比如有的残疾人被医生宣判，认为他一辈子都站不起来。但他付出艰辛的努力后，却出现了一个不可思议的奇迹。

■ 空想：有些目标符合自然规律，也在他个人的能力范围以内，是可以实现的梦想，甚至是相当简单的目标。但由于他个人意志的动摇，不够努力，或者根本不去努力，只想上天把结果送到他的手中，结果是梦想变成了空想，什么都没得到。

记住了这四项对比，我们就会明白，必须将符合自身条件、在个人能力范围内而且是可以长期坚持追求的目标视为自己的梦想，制订出详细的计划。接下来你需要做的，就是记住"它"，然后去实现"它"！

另外，人们在自己的常识思维中，经常把经过一番努力成功概率极大的想法称之为理想，通常把心中似有若无的想法称之为梦。这其实是不正确的，因为很多自认为成功可能性大的想法反而很容易失败，那些似有似无的想法却在经过一个阶段的验证后能够取得成功。人们普遍为了前者而努力，却忽视了对后者的现实验证。

第六章

群体的逻辑

群体如何思考

法国作家勒庞的《乌合之众》和《革命心理学》，一直是中情局分析师的必读书。高级分析师通过这类书籍中的理论研判公众心理，借以分析群体思维的走势，并催化出"可控的群体行动"。

在这些年里，中情局"颜色革命"计划的设计者，正是利用了群体的逻辑弱点，有针对性地制订了在不同国家展开颜色革命的思想动员计划，且在许多国家大获成功。我们很难说这种"革命"是正确的，但在这个过程中对群体思维的研究却值得我们借鉴。

"群体是如何思考的？"正是我们要解决的问题。

短视与自私的集合体

当个体独自思考时，我们有时会惊讶于他的判断力是如此敏锐，行动是如此迅速。个体总能清楚地看到事实，并采取明智的行动。对多数人而言，人们在自己的生活中可以做到明辨是非——至少面对大部分不复杂的情况时是这样的。

但当很多个体聚集在一起，组成一个群体时，他们的集体表现是什么样的呢？他们的群体思维具有什么样的特征？很遗憾，我和同事斯坦利经过了数年的研究，包括对中情局的"颜色革命"工程的分析，遍及世界各地的无数民族表现出来的群体思维都具有惊人的一致性——群体就像蚂蚁一样。

当然，我们不可能认为人类就是蚂蚁或者蚁群，因为蚂蚁的行动规律令人"不堪入目"（下节中我们将会详细探讨）。换句话说，我们都在想当然地认为人类应该是聪明的、独立的思考者，就连我在很多时候也如此认定。但这种独立性的存在却很大程度上依赖于"人的孤立"。也就是说，一个人往往在被孤立时，才能做出较为清醒的思考，否则相对而言会最大可能地免受到他人的影响，无法避免地互相跟随对方的思维，产生群体的思维盲动，即形成勒庞口中的决策和行动力都极为低下的"乌合之众"。

这很好理解。当我们是独立的个体时，从某种意义上讲，我们的见解就会是自己思考的结果，期间很难会受他人信息的干扰。我们懂得适可而止，也明白向前的界限与后退的尺度；我们不会在一个地方困死，也不会一根筋地一往无前；我们凭借耳聪目明的信息搜集能力，足以保证自身的个性。

然而，一旦群体形成，这些所有的优点就全都消失了。群体中的我们——或者说我们组成的群体立刻变得短视与自私。群体就像困在一个圆圈内的蚂蚁，一起不停不休地转悠下去，直到集体死亡。没有谁可以打败这种缺点，因为再聪明和强大的人，只要他进入这样的群体，就会迅速地被同化。

群体的决策经常是错误的

为什么高明的企业家从来不相信下属们集体做出的判断，不惜一切代价也要压制和打击下属们共同做出的自以为聪明的决策，把决定大权牢牢握在自己手中？

为什么精英阶层一边给大众选票，一边又毫不在意他们的意见，只是让他们像拥有自由的蚂蚁一样自我感觉良好，但抓不住丝毫真正的权力？

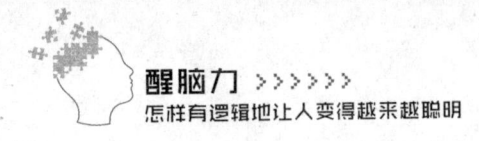

　　明白这其中的微妙之处尤为重要。因为一个讲秩序的团队——他们不同于蚁群——才更可能做出正确的决策，一旦决定权握在更大的群体之手，事情往往就坏了。

　　这里还有一个前提条件，那就是这个小团队中的人都可以彼此独立，而不是互相捆绑或彼此干扰对方的视线与头脑。保持独立性，才不至于成为乌合之众中的一员，这始终是逻辑思维训练的一条硬标准，也是必须遵守的一项要求。弗朗西斯·伽尔顿和牛的故事可以形象地为我们表达这个观点——

　　每一位参与者都是站在自己的立场上对牛的体重进行评估，并依靠自己获得的私人信息（这头牛具体的数据，并包括自己的演绎、分析，甚至直觉）做出判断。在这个过程中，他们不允许旁观者乱出主意，而是以自己为主。

　　当我们最后看到他们的评估结果时，你会发现是一个完美结果。他们做出了较为正确的决定。但如果你将所有的这些互不相干的人集合在一起，让他们一边商量一边评估，你给他们的时间越长，得出的数据离正确的结果就越远。

请从群体思维中跳出来

　　"从井里爬出来，俯视井底的蚂蚁。"这是我对曼哈顿一家证券公司的总裁说的话，"假如你要成为一口井的主人，你要做的是什么呢？不是像那些蚂蚁一样爬进去，而是从里面爬出来，站在井的外面，然后你才能看到这口井到底是怎么回事。"

　　这位总裁在过去的几年中十分相信自己一手建立的团队，一直倚仗他们替自己做出投资决策。但最近一年多他发现了一个奇怪的现象：随着这个团队人数的增加，职位的膨胀，从3～5个人增加到了15个人，团队的决策效率正大幅度地在下降，而且越来越频繁地做出错误的投资决策。就在过去的3个月中，他的公司已经损失了六千万美元，差点导致破产。

他犯下的错误就是让自己的思考离开了决策核心，并把公司的关键决定逐渐变成了"群体决策"。哪怕他手下的这些人是如何的优秀，独立出来都足以承担大任，聚在一起仍然是危险的，更别提决策团队的人数增加到了十几个人。

因此，他需要保持自己的"一票否决权"：关键决策时，他要紧紧握住最后的决定权，并建立由他自己进行终审复核的制度。这样一来，无论下面的管理团队参与决策的人数有多少，他都可以牢牢地控制决策的走向，避免群体思考的危险后果。

群体如何行动

威廉·贝博是美国自然主义者，20 世纪他在圭亚那丛林中看到了一幅奇特的景观——蚂蚁军团的循环行军。无数只蚂蚁列队行进，呈现出一个大圆圈的轨迹，不停地向前爬行。这个圆圈长达几十米，每一只蚂蚁循环一周就需要两个多小时。这真是无比艰苦的旅程，但它们绕了一圈又一圈，就是不停下来，直到绝大多数蚂蚁累死为止。

贝博看到的这一幕就是生物学界很有名的"循环磨"(circulate mill) 现象：当蚂蚁发现它们与蚁群被分隔开时，"循环磨"就出现了。它们只遵守一个极简单的原则——紧紧跟住前面的蚂蚁，永不停止。即便循环被打断，有个别的蚂蚁掉队，其他蚂蚁仍然会跟在它的后面。

这就是蚂蚁的群体行动。它们的思考很简单，也从不质疑前面的家伙为何会走起来没完没了，反正只要跟在后面就行了。

盲动性

蚂蚁的行为模式体现了群体的盲动性，人类和它们没什么本质上的区别。个体的人类拥有生物链上最高的智慧，但群体的人类和蚂蚁站在同一条水平线上。他们的行动具有盲动的特性，一旦群体决定采取行动，就没有一个人掉队

（有也会迅速被踢出群体），也没有哪一个人会误解命令，或者质疑命令（敢产生质疑的家伙结局也不会太好）。

正如我在对通用公司的高层培训中讲到的："你们需要的是制定规则，建立秩序，让下属遵守正确的行动命令。如果命令是错误的，所有一切都将毫无意义；命令的错误程度，决定了团队的失败结局或造成的灾难性后果，因为下属难以质疑，他们只知道服从，哪怕是盲目之举，他们也毫不犹豫地会执行下去。"

杀死个性

在群体的行动中，个性是负面因素。就如同蚁群一样，能够让蚁群如此成功生存下来的原因是什么？是即便出现了悲剧性的"循环磨"现象，蚂蚁们也不会逃离队伍。哪怕终点要面对死亡的威胁，它们也不会有丝毫的犹豫。

此时你很难看到个性思维，因为独立思考在群体中是不被允许的，个性也没有存在的空间。蚂蚁们采取的每个行动都依赖于前面的蚂蚁，一只蚂蚁是不能独立行动的。单独行动则会削弱蚂蚁军团，并最终导致其灭亡。所以，群体严格地杀死个性，以保证群体的安全与利益的最大化。这就是为什么一旦某种群体行动被引发，就很难停止的原因。

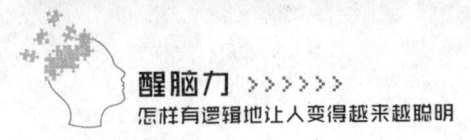

无知和无畏的"羊群帝国"

投机大师索罗斯纵横金融市场几十年，有过辉煌的胜利，也有过沮丧的失败。他有一句口头禅，形容的就是群体思维，比如股民："股市在绝望中落地，在欢乐中升腾，在疯狂中结束。周而复始，生生不息。"

股民就如同羊群一样，他们一同绝望，一同狂欢，一同思考。你想改变他们吗？不要试图这么做，也不要靠近他们，因为他们会把你反噬！

羊群帝国是如何形成的？我们在一群羊的前面横放一根木棍，等着它们走过来。一旦第一只羊跳了过去，那么第二只、第三只也会跟着跳过去；无数只羊都会排在后面，等着跳过这根棍子。它们不知道为什么要跳这根棍子，只知道前面的羊跳了，自己也要跳；它们也不会思考一下这根棍子的意义，同时也无所畏惧。

这时，如果我们突然把那根棍子撤走，会发生什么呢？后面的羊会不知所措。它们不会改变，至少短期内不会发现棍子没了。后面的羊走到这里时，仍然会像前面的羊一样，向上跳一下。直到有一只羊发现了这一个问题，停止了跳动，后面的羊才会恢复正常。但前面已经有太多的羊跳过了这根不存在的"棍子"。

这就叫羊群效应。羊群和拥挤在股市交易大厅的人群有本质上的区别吗？

答案是：没有！他们就是思想上的"乌合之众"，但却蕴藏着毁灭性的行动力量。

"随大溜"的思维

"羊群帝国"的第一个特点是随大溜。就像现实中，在很多时候我们都不得不放弃自己的个性去跟随其他人的选择，原因是人们觉得自己不可能对任何事情都了解得一清二楚，对那些不太了解，没把握的事情，就会不由自主地相信其他人的判断："他可能比较了解，我就听他的吧！"当你抱着这种侥幸心理采取了跟随行动时，排在你后面的人也可能是这样想的——他觉得你是那个比较聪明的人，选择相信你的判断。

在这种现象中，持某种意见人数的多少是影响其他人是否"随大溜"的最重要的一个因素。异口同声的人越多，其他的人就越难坚持。因为很少有人能够在众口一词的情况下，还可以坚定地守护自己的不同意见。

群体对个体总是具有无穷大的压力。有时候，你不随大溜就是异端，做出与众不同的行为就意味着你对群体的"背叛"。没有人会原谅你，而且还孤立和惩罚你。即便是随大溜，一个群体做出的行为也是高度一致的。这时候对错并不重要，重要的是一致性。

无知和无畏

这一特点告诉我们，在很多时候，群体的判断和行动并不一定正确。群众的眼睛是雪亮的？不！也可能错得离谱！比如那些迷失在股市中的茫茫大众，他们缺乏最基本的判断力，却不乏冲动和激情。他们人云亦云，喜欢跟风，既无知又无畏。一旦有人买到某只赚钱的股票，人们立刻就会蜂拥而上，直到一起从高峰跌落，赔一个底朝天。

搜集不同的信息加以判断，是摆脱这两个特质的重要途径。但人们又会轻

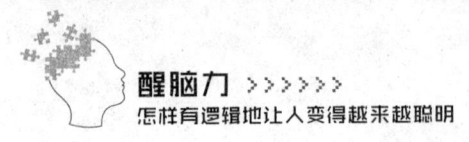

易地相信那些资讯媒体，希望从中得到判断的依据。于是，羊群帝国的另一种行动模式又产生了：媒体通过诱导性的信息，可以轻松地操纵群体的行动，甚至控制群体的思维。任何一种垃圾和不良信息都可能迷惑他们——因为他们缺乏深入分析和辨别的能力，也没有时间和精力进行这种辨别。盲从行为有增无减，理性始终处在较低的水准。

这一思维模式告诉你：对他人的信息不可全信，也不可不信。如何才是正确的做法？你必须做出自己的判断，不要轻易采取跟随行动，而是保持审视与警惕，才有最大的概率成为群体中的赢家，摆脱乌合之众的盲动思维对你的影响和操控。

显而易见——你面临争执

假如你是一个有个性的人，你妄图冲破群体思维的阻碍。接下来会发生什么呢？你将感受到争执在不断地发生，每一句话都有人反驳你，每一次行动都有人对你说 no，无论你是否正确，是否卓有成效。

"听着，你这样不对！"

"为什么你不听听我的意见？"

"蠢货，喂，说你呢，你为什么跟我作对？！"

这不是争执吗？当然是，而且几乎是针锋相对的憎恶。你也可能会这么想：他们都是一群乌合之众，我是不会跟这种人发生争吵的；我会离他们远一点，安心做自己的事情就行了。但是，你一定要想到，其他人也是这么看你的——人们几乎同时得出了相同的结论，都认为自己才是那个最清醒的人，并视其他人如草芥——笨蛋或者智商低下的人。

在群体中，争执无处不在

我们在公共空间（诸如微博、微信），有更多的机会看清人们的表现。他们的行为更接近勒庞所描述的"乌合之众"，用无休无止的争执、对立和攻击来将群体思维的缺陷表现得淋漓尽致。

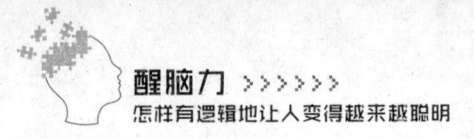

在这种空间中，人们一方面表现得特别不服从于权威，不断地向权威发起挑战，证明自己的"高明"；同时，人们又在特定的有预谋的操纵下对另一些权威产生崇拜，并盲从于他。他们是一群狂热之士，也是一股危险的力量。一边怀疑一切，打倒一切，一边又嚷着谁敢反对他的权威，他就打倒谁。

当涉及意识形态问题的讨论时，这一特点更为明显。他们聚集在一起，不管来自何方，自身属于什么民族、职业或者性别，也无论是什么原因让他们走到了一起，统统具有上述行为模式和心理特点。

实际上，他们越愤怒，内心就越衰弱。在愤怒和冲动中，群体用争执、对立来掩盖自身对现实的无力。这经常是由于他们没有机会思考，也没有意识到自己应该做些什么的缘故。

■ 只有正反两派

在群体中，通常只有正反两派，很少有中间派的生存空间，比如一些热点话题，人们讨论之时，会有正方和反方两个选项，除此以外没有第三方观点。哪怕真的有中间派出现，也会迅速被打压下去。中间派是正反两派共同的敌人。非黑即白的选项让人们在群体中没有中间的灰色地带可以选择。

那么，在这种"非我同类，即为仇寇"的前提下，群体中产生争论是难免的。这就是为什么参与讨论的人数越多，就越无法取得共识的原因。你很难指望一大帮互相对立的人接受一个平衡的、理智的观点。当你提出这一观点时，你就立刻成了他们的敌人。

■ 沉默的少数派

少数派的下场总是悲惨的，比如人们在争论中如果是少数派（像在网上的辩论中），就会招致可怕的与凶猛的攻击，最终只能沉默出局，否则就会沦为多数派彻夜不休打击并置于死地的对象。

背叛主流的代价

事实是，挑战群体和主流思维的代价经常是不可承受的，它具有出奇的压力和令人恐惧的效应。在最近几年中，我们会清醒地从网络群体性事件中感受到这一代价——持有清醒立场的少数派网民在激烈的讨论和争执中会逐渐地丧失自己的立场，他们不是主动改变观点，而是承受不了被"主流意见"持续攻击的压力；他们遭到群体的攻击，只好改变想法，成为主流中的一员。

根本原因在于，当整个群体形成了一种一致性的"优势意见"后，人们就只能倾向于将多数人的行为来作为自己的行为参考。他们的心里不是不明白，只是无法承受脱离主流的代价罢了。

当然了，还有很多人会在最初的坚定之后，迫于群体压力，或者经过了长时间的对峙、争吵、辩论，他们感觉索然无味，最后的选择是改变自己的反对性意见——不是向主流投降，而是选择沉默来防止被"大多数"讨伐。这些少数的聪明人并不寻求改变大多数，因为他们知道意图改变"大多数"人是一件艰巨且几乎不可能的事情，因此这些人会选择闭上嘴巴，站在一边安静地观看，默默地审视。

这种沉默的目的是减少冲突，就像社会学中的"沉默的螺旋"（The Spiral of Silence）现象一样——人们在表达自己想法和观点的时候，如果看到有自己赞同的观点，并且自己的观点也受到了广泛的欢迎，就会积极地参与进来，这个观点越发大胆地发表和扩散，像旋转的银河系一样向外扩张，越来越大，乃至成为主流观点。但是，当他们发觉某一观点没有人或者很少有人理会时，即使自己也赞同它，也不会上前举手支持，而是保持沉默。沉默者聚集在一起，就形成了另一种向内旋转的螺旋，并不断缩小直到消失。

拒绝合流的代价

被群体抛弃的结果是什么呢？

换个方式问你："如果你抛弃了组织，拒绝与大多数人合流，接下来会发生什么事情？"

2011 年 9 月份，我曾经受邀到旧金山华人社区的一所小学为孩子们讲授有趣的心理学问题，告诉他们如何开动自己的大脑，训练自己的思维。参加这项课程的有 50 个孩子，每个孩子都有与我互动的机会。

当天，我遇到了一个奇怪的现象。每次我一提问，坐在最前排左边的男孩就会举手，但是，每次他的回答都是答非所问，不但离题太远，而且还长篇大论。这个孩子喜欢讲他自己的独特感受，偶尔还会解释一下科学方面的知识。我很感兴趣，便允许他一直讲下去，直到他不想再说了，我才会通过反问来与他交流。

比如我如果问孩子们："面对一个没有打开的礼盒，男孩和女孩的想象会有什么不同？"他就举手，然后向我阐述他对宇宙飞船的认识。一旦我向他重复我的提问，他就表现得非常不感兴趣。给我的感觉是，他不喜欢我提的问题，只希望我与他讨论他希望讨论的事情。

我对这个男孩充满了关注，但同时我发现——他在课堂上被孤立了。孩子们用奇异的眼神看着他，似乎这是一只"小怪物"。课后，老师主动找我交流，谈到了这个孩子。老师用惋惜的语气说："他的父母在养育孩子的过程中一定出了什么问题，才会让这个聪明的小孩与他人的交流出现了障碍。"他说，这个孩子从小是由保姆带大的。保姆与孩子的交流本来就很少，加上平时也不带他出去参加社区活动；重要的是，他的父母也有责任，因为工作忙，很少和孩子在一起。出于补偿，就为他买了很多的书，由他独自一人按自己的喜好来自由阅读。结果这个孩子储备了太多的科学知识，对宇宙飞船尤其感兴趣，思维也具有强烈的跳跃性。

最后老师说："他从幼儿园开始，与小朋友交流困难的问题就已经表现出来了，导致大家都不喜欢跟他玩。他没有自己的朋友，经常一个人在旁边看书、沉默，没人愿意跟他一起玩。我们要帮帮他！"

我很奇怪地问："为什么需要帮助的是他，而不是其他兴趣单调的孩子呢？难道思维活跃竟然也有错吗？"

但这就是现实，不是吗？在我们的企业中也存在这样的雇员——他们的工作能力很强，但由于交流的方式不是主流的，或者不愿意与大多数人"合流"，最终使自己成了需要被帮助的对象。他们拒绝融入主流，于是不可避免地就被边缘化了。

你被边缘化的信号

■ 创造的价值很大，但地位很低，回报很少

按照常理说，创造价值的大小是员工是否被边缘化的最主要的因素。但对拒绝合流的少数派来说，一个奇特的现象是：他创造的价值越大，群体对他的包容性就越小。他的能力决定了自己创造的价值很大，可在群体中的地位却不再上升，反而给他的回报相当少，直到把他排挤出局。

■ 不再是唯一的"重要人才"

这会是逐渐发生的信号。尽管他很重要，但群体会采取某种策略，削弱他的作用。一个有特长的雇员在公司内部不被理解、不被接受，公司就会寻找他的替代者，培养可以控制的人才来取代他的位置。这个过程不会太短，但注定会发生。当你发现自己之前不可取代的工作（角色）有别的人同样能做（承担）时，你就要小心了，这是公司把你边缘化的开始。

■ 群体中的角色定位被削弱

我们每个人在团队中都是有角色定位的，不管你愿不愿意，都有一个既定的或者有所变化的角色陪伴着你。它就像我们的名片，上面写着你承担的职务，被人需要的东西有多少。一旦你的角色定位被削弱，人们就不再有求于你，你在群体中的末日也就到了。

■ 当你出现时的氛围产生变异

氛围的变异通常被认为是影响力最小的因素，却也是我们最容易感知的信号。你走进公司时，是不是感觉到人们在用眼睛的余光斜视你，或者你一出现，本来有说有笑的氛围马上变得沉默了？如果是，那就代表着一个危险的局面即将产生。这说明从心理的层面讲，你不再被认为是他们中的一员。人们会对你有更多的秘密，直到你对团队正在发生的事情一无所知，边缘化就告完成。

如何避免成为边缘人

■ 你学会在群体中管理自己的情绪了吗

首先你要学会情绪管理，避免因自己的脾气不好，而影响了自己在团队中的影响力和在群体中的地位。在这一条中，你还应该注意强制管理与计划管理的区别，尽可能避免采取前者。正确的管理是计划管理，即想到自己可能发生的情绪波动，来使自己与群体思维保持足够的距离。一份好的情绪管理计划，可以对我们的思维控制产生积极的影响，使你始终以最大的可能性保持独立和冷静的思维，不会把不良情绪发泄到群体成员的身上，避免直接冲突。

■ 你学会和群体沟通了吗

沟通在群体中是非常重要的，甚至这是一个人在群体中树立形象的第一能力。你是否被群体接受，是否同时保持了自己的独立性，而不是盲从于他们，这往往由你的沟通能力和沟通效果决定。

你自己认为自己是一个什么样的人并不重要，别人认为你是一个什么样的人才最关键。这两者通常是有偏差的，而且一直有偏差，在任何群体中这一点都不会发生变化。因此，假如你的表现别人没有看到，他们就不能正确地了解你，最后对你的评价自然就不会是你所期望的。你要抓住一切有利时机进行沟通，让人们明白你的想法，直到理解你的做法为止。

■ 你要改变自己的观念吗？何时改变

对现实，我们要以宽容的心态去接受。这意味着你不能再抱有年轻时的愤怒思维和抵抗社会的观念；你不能用最理想化的标准去要求一个组织或一个团队，甚至去要求你存在的这个社会。

这对你是非常不利的，因为这种直接而激烈对抗的结果并不是你改变了群体和社会，而是你彻底被边缘化，成为拒绝合流的牺牲品。那些刚刚走入社会的年轻人往往会设想一个很理想化的环境——有绝对的公平公正，透明公开的

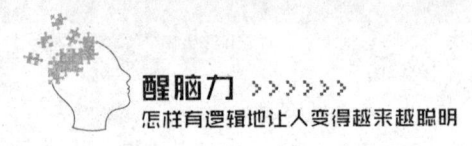

人际关系，依照这个标准去寻找自己的立足之地。这其实就是对群体特点缺乏客观认识的表现，也是过度理想化的体现。只有改变自己的观念，承认社会的多样性，接受群体的缺陷，以宽容的心态来看待周围的人和事，才会减少自己的挫折感，避免自己主动地走到群体的边缘。

第七章

小心"都认为对"的事情

大脑的自我麻痹：他们都说好

大家都说好看的剧，你就必须相信吗？

大家都说正确的事情，你也认为正确吗？

大家都说好的东西，你也跟着称赞吗？

如果回答都是肯定的，你的大脑就具备了一种顽固的自我麻痹的思维模式，已经很难在每一时刻都做出尽可能客观的判断并且第一时间表达出来。也许你会狡辩："不，我其实是有自己的想法的，但我不想得罪他们。"听着有道理，但实际上如果你长期如此，早晚也会进入真正的麻痹状态。

到那时，你会百分百地肯定他们的看法，不再一厢情愿地在内心埋下另一个自认为清醒的答案。因为这就是大脑的思考规律，没有人可以战胜长期的思维习惯。

其实，最可怕的事情就是"众所周知"，但凡是众所周知的事情，你就要小心了，因为这往往意味着一个陷阱。

在一次内部会议上，南区培训部的副主管塞西尔大发雷霆，拍着桌子对自己的十几名属下说："人人都知道，这个人很差劲，你们不要听他的。我已经说过无数遍了，没有我的准许，我们部门不能提供一个人给他！谁也不能过去帮忙。"

塞西尔为什么如此愤怒？他的嘴里这位"人人都知道很差劲"的人又是谁？他成功地运用了一种煽动力，让人们觉得那个家伙确实很差劲，因为"人人都知道"。于是，两天后的人员派遣会议上，南区培训部没有人愿意跟着华盛顿总部的培训顾问苏丁去加利福尼亚出差。

苏丁无奈地找到我，说："老板，我不知道这是怎么回事。"

这时我明白了。原来，塞西尔把自己与苏丁的个人矛盾上升到了以工作为武器的私斗中。然而，两个人的是非对错暂且不论，苏丁真的是一个人缘很差的人吗？事实恰恰相反。除了南区几个分公司的人对长年在美国西部活动的苏丁不太了解之外，其余公司的几百名雇员没有谁会说他一句坏话。

他到底是什么人，斯坦利的评价很到位："苏丁是个好人，也是个敬业的年轻人。我曾经见过他为了做好一个项目两天两夜没有合眼，累得就像一头驴。我认为一个高管累到这种地步，难免会对同事和下属发脾气，但他丝毫没有。他说话的时候就像一头温顺的绵羊，不管见了谁都是一脸微笑或是轻轻地欠欠身子。他很好，就是太容易满足别人的要求了，有点不懂得拒绝。"

瞧——这才是真相。假如塞西尔的"谣言"成真，在公司内部流传开来，也许不超过几个月，就会有相当一大批人转变对苏丁的印象，觉得他确实是一个差劲的家伙。这时，"众所周知"的恶果就出现了——他们都说这个人很差，也许他真的不是个好人？

我们当然不能容忍这样的现象存在。正如我后来在跟塞西尔谈话时说的："你只有两个选择，要么自己离开公司，另请高就；要么亲自替苏丁洗清冤屈，我让你自己选择。"塞西尔十分羞愧，只好回到分公司召开内部会议，当着下属的面更正了自己的"错误判断"，承认由于自己的误导，给苏丁在公司的名誉造成了损害。

类似的情况在我们的生活中随处可见。越是众人一致认为"如何"的事情

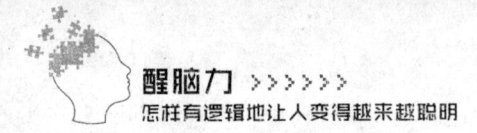
和东西，有时真相越是相反，或者是偏差很大，比如一些商品，消费者的口碑真的非常有效吗？也未必。因为这种印象是可以通过大面积的精确营销来进行伪造的，能够十分聪明地欺骗大众的眼睛和心理。所以，没有什么是"绝对"或"一定"的。

人们为什么如此相信"众人的判断"呢，为什么不由自己去独立地分析一件事物的好坏呢？这通常有两方面的原因：

第一，大脑偷懒：有别人替我判断就行了，我为何还要费心费力地琢磨呢？人们普遍这么想。

第二，跟风的判断习惯：既然大家都这么认为了，那么事实一定是这样的，我就不必去劳神思考了。

结合现实中的案例想一想，有多少人存在这两种思维习惯呢？

一个"逻辑欺骗"就站在门外

几年前，我刚在旧金山设立分支机构的时候，从华盛顿总公司把米勒调过来出任行政总管。米勒是一个认真的孩子，跟着我已经有 6 年了，一直对没有获得重要的提拔心存不满。所以一到旧金山，他就向我发起了牢骚。

可是对他而言，这只不过是一个向老板表达心声的机会。"总裁，我希望到一线去，不想再做行政方面的工作，我认为自己可以做好培训策划，也有足够的经验去跟企业打交道。"米勒觉得自己很有能力——这多么年来混得不好是由于社会不公。比如说，与他同龄的哈佛大学的同学大多都在各自的公司爬到了人力资源总监或市场部门主管的位置，甚至有很多人已经自己当老板了，他却还在我这里处理行政琐事。和他们比起来，他认为自己的人生简直糟透了。这一切的原因是我没给他机会，低估了他的能力。

这是人们普遍的想法，比如另一位卡希先生。他曾作为学员在逻辑思维训练营待过几天时间，但很快就走了。他听不进课程顾问的劝诫——让他反思一下自己是不是可以接受的，他拒绝自我审问，一心一意怪罪外界。就如同他过去 30 年的人生一样，四处流浪，找不到心满意足的落脚点。

他说："我做过几十份工作，厉害吧？但没有一份做好，要么老板是垃圾，要么同事都是浑蛋，我实在很无奈。"他觉得这个世界无比黑暗，每个人都对

不起他。然而，事实真的如此吗？假如每天都以这种逻辑来思考问题，是不是最终会被自己的判断欺骗？到终老之时，是否会感到后悔呢？

你是真的"怀才不遇"？

阿里巴巴集团创始人马云曾经说过，这个世界上基本没有什么"怀才不遇"的人，真正具有才华的人就算隐藏在最深的角落，也一定会被发现。如果一个人觉得自己富有才华却运气不好，那么这个人一定有他的可恨之处。

怀才不遇的逻辑是如何欺骗一个人的？它像宗教传教的表述，给抱怨社会者构建了一个逻辑的闭环，以诡辩的技巧为自己遮掩过错。比方说，如果有人脱颖而出了，他就可以认为是这个人擅长溜须拍马才取得了老板的信任；如果有人和他一样不被重视，他就为自己的观点找到了现实佐证。

这种自我解释是辩护的基本逻辑，却不能解决任何问题。关键的部分是，你的才能通过什么来证实？你所处的环境是不是真的没有给你提供发挥的舞台？每当谈及这两个关键问题，这些人总会顾左右而言他。

就像我问米勒的那样："你真的认为自己的能力很强吗？那么，证据在哪儿呢？"这时米勒马上谈起了未来——他不敢面对过去的阴影，只知道讨论还不存在的"明天"。"明天我会证明这一点，老板。"他说，"只要给我一个机会。"

问题是，他不能提供一个证据，就没有谁会给他这样的机会。

"一切取决于自己"的逻辑漏洞

但是反过来，"一切取决于自己"也是有问题的。这个逻辑也充满了欺骗性——如果有人对你这么说，那他就有自鸣得意的成分，在炫耀他通过个人奋斗取得了成就。他是在告诉你，取得不了成功全怪自己，不能怪任何人，也不能审视环境因素。

我的建议是，对年轻人来说，某一种说法是否有价值，不取决于你听不听谁的观点、是否怪罪自己或外界，而取决于你自己是如何思考、判断具体的事情的。与其每天考虑自己是否怀才不遇，不如先考虑如何让自己在实践中锻炼成为一个有用之人。

补上逻辑的缺口——让思维更全面

在产生"怀才不遇"这种念头时，你需要第一时间反过来想一想："我的想法就一定是正确的吗？我有没有错误，我错在了哪儿？"这样才能补上逻辑的缺口，实是求是地分析自己遇到的问题。

比如第一，我可能有一定的才能，但是否适合当前的工作？如果因为自身的特点不符合才导致了自身的失败，那与别人又有何干呢？解决的办法就是去找一份适合自己的工作，至少要做到专业对口；第二，我有才能，行业也符合自身的特点，但我对工作的计划有问题，安排不合理，或者自己出现了失误，才没有取得成功。遇到这种情况就需要反思工作的方法，调整工作计划，重新来过；第三，是最需要正面的问题，那就是我并没有自己想象中的才能，在工作中眼高手低，实际上胜任不了公司的需要，才造成了今天的局面。要解决这个问题，除了正视现实以外，就没有别的办法了。

在正视、接受了现实之后，你应该怎么办？能做的就是给自己充电，通过培训、学习等方式，让自己变得真正有才。到那时，你就不会有"怀才不遇"的这类麻烦了。归根结底，还是需要从自己的思维发现问题，战胜传统观念的影响，发现真相，才能让自己活得更好。

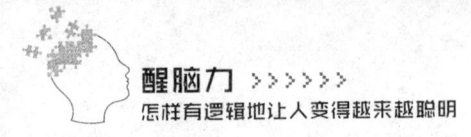
假如你是"错"的

　　就像爱因斯坦这样的科学领域的"大神"也偶有犯迷糊的时候一样，即便你是当仁不让的业界权威，说话分量重，思维判断准，也难免有犯错的时刻。斯坦利对我这样形容："我在机构培训总监的位置上坐了快 9 年了，这让我在某些时候会产生一种错觉：在这个领域我是完美的，是权威的，也是绝对正确的。我认为自己绝不会犯错，人们如此认同我的观点，虚心地听取我的意见，我感到飘飘然。但有时我亦沉痛地反问自己：如果我错了呢？我敢于推翻自己的判断和感觉吗？"

　　这并不容易。人们越是对认为对的东西，往往就越坚持和执着。这种执着到什么程度呢？就算所有人都当面指出他的错误，他也有一万个理由列阵迎战，绝不低头。我们堪称头脑最顽固的动物，其例就在于此。

　　比如爱因斯坦，他就是一个十分顽固的科学家。在他和以玻尔为首的哥本哈根学派关于量子论的论战中，僵持了二十多年，他屡败屡战，一直不肯放弃自己的观点——哪怕有充足的论据证明他是错误的。但最后，爱因斯坦还是勇于认错的。他终于表现出了自己豁达与冷静的一面，也体现了自身宽阔的视野和科学的思维。

　　1917 年，爱因斯坦发现了广义相对论方程的宇宙解不稳定，据此宇宙要么收缩要么膨胀，这与当时天文学界流行的稳态宇宙说相抵触。为解决此问题，他在方程中加了一个宇宙常数项，使其宇宙解变为了稳定。不过，美国天文学家哈勃在 1929 年通过天文观测，发现宇宙确实是在膨胀。在事实面前，爱因斯坦坦然地认错说，加入宇宙常数项是“一生中最大的失误”。

　　爱因斯坦完成广义相对论后再接再厉，致力于探索万物之理“统一场论”，终其后半生矢志不渝。在当时基本粒子实验数据不足的条件下，这是不可能完成的任务。爱因斯坦知难而进，屡败屡试。1929 年他又提出一个万物之理新版本。

　　那时，他的广义相对论预言早就为天文观测证实，头顶诺贝尔奖光环的爱因斯坦声誉如日中天，成了举世闻名的科学明星。所以，万物之理新版本消息透露后，媒体大肆渲染。《纽约时报》头版耸人听闻的标题：“爱因斯坦将所有物理学归结为一个定律”。《时代》杂志进行专访，以他的相片作为封面。其他报刊纷纷跟进，对爱因斯坦的崇拜达到狂热。

　　但是，科学并不是靠吹捧塑造出来的，理论必须言之成理持之有故，才能为同行科学家所承认。具有“上帝之鞭”雅号的 29 岁青年物理学家泡利敢于挑战权威，他对爱因斯坦说：“你的这个理论是纯数学，与物理现实无关。”他预言：“在一年内你会放弃。”果然，爱因斯坦不到一年就放弃了这个新版本。

　　但他也并未死心，在 1931 年 1 月和 10 月又提出两个更新版本的万物之理，不过不幸也都以失败告终。这时，爱因斯坦终于又公开认错了，他戏谑地对泡利说：“到底还是你对，你这个小淘气！”那时泡

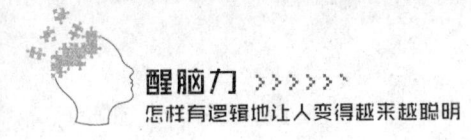

利尚未得到诺贝尔奖，爱因斯坦在这位年轻后辈面前坦然认错，又体现出了他虚怀若谷的大师风范。

在和玻尔等科学家的论战中，爱因斯坦说出了一句流传很广的名言。他说："我不相信上帝在掷骰子。"言外之意，他从不相信运气，只相信绝对的真理。意思就是他很不赞成量子论概率解释。

随后在长达二十多年的旷日持久的论战过程中，爱因斯坦始终坚持他自己的立场，几乎是以一己之力舌战群豪，越战越起劲。但随着越来越多的精确实验证明了量子论的结果是正确的，并使之成了有史以来最精确的理论。这时，在确凿无疑的事实面前，爱因斯坦感到确实是自己的判断犯下了大错。他终于有所省悟，并且在 1953 年 10 月 12 日致波恩的信中表示了对这一理论的支持，从侧面向那些反对自己的科学家表示道歉。

我们传统的思维逻辑是一条向前不断行进的直线。在这条直线中，越是搜罗了有利于自己的信息，前进的速度就越快，也就越难以掉头。在逻辑思维中，也有一种常用的思维方法是"认错"和"逼近"。通俗地说，就是当某一种逻辑思路被实践证明为"此路不通"后，需要另辟蹊径。但我们的本能反应并不是立刻寻找一条新的道路，而是怀疑异常信息的正确性。这种错误能激起我们更大的怀疑，在初期可加快我们的速度。但最终只有当错误越来越大时，才能产生足够的力，将我们的思路引向一个新的方向。

也就是说——我们的思维逻辑只能在"试错"中"逼近"目标，而不是马上认错。由此可见，当你发现自己是"错误"的以后，第一反应一定是不想认错，甚至加重对自己立场的坚持。要想战胜这种错误的逻辑，必须拓宽我们的思维，避免头脑被一种强势思维主导，导致思维的偏离。

你是喜欢自我辩护的人吗

作为一个有勇气承认自己错误的人，他的认错不仅可以消除罪恶感或者顽固的自我辩护的气氛，而且对于解决实际问题也是非常有利的。重要的不是能不能看到错误，而是你是否习惯于自我辩护？请郑重地回答这个问题：

"当你发现错误后，为自己的辩护会持续多长时间？"

是 5 分钟、20 分钟？

还是 12 小时、2 天乃至一个礼拜以上？

我经常遇到一些打冷战的恋人。他们本来没有多大的问题，就因为双方拒绝认错，都认为自己的判断是绝对正确的，明知结果却死硬着对抗，结果使小纠纷转化成了长期的冷暴力，甚至让双方的感情走向了终结。

如果我们比较容易犯错误就为自己找借口，一旦形成了强大的习惯，就会产生恶性循环。我们坚持旧的认知，拒绝接纳新的信息更新头脑和思维，就会让我们把精力放在了绞尽脑汁地找各种各样的借口上来自欺欺人，压制别人。

只有尽快地找出自己犯错的原因，马上改正，更新头脑，才能避免今后我们再犯下同样的判断错误。就像在培训中我所讲到的："为什么人们花那么多时间处心积虑捏造借口、搪塞自己的弱点来欺骗自己呢？这么宝贵的时间，我们应该拿去做宝贵的事情。如果我们把时间用到不同的地方，我们可以做多少重要的事情，得到多少有益的收获？"

马克森是一家公司财务部门的职员，他在给一位请病假的员工核对工资的时候犯了个错误，给了他全薪。很快，他便发现了自己犯的这个错误，但是工资已经发下去了，想改也已经来不及了。他就去告诉那位员工，他将在下次发工资时从他的工资中扣减这个月多给他的那一部分。但是，那位员工说这会给他带来很多的麻烦，因此请求马克森分多次扣除多给他的工资。不过，公司有

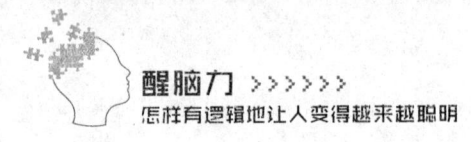

规定，这样做必须获得总经理的批准。

马克森意识到，这一切麻烦都是由他的粗心造成的，所以他决定向总经理承认自己的错误。当马克森把这件事告诉总经理以后，对方的确很生气，责备他对工作不认真负责，又责备人事部的职员们工作不认真，但是马克森一直坚持说，这都是自己的错误造成的，是自己没有核查好，与同事无关。

最后，总经理对马克森说："那好，你就马上去改正自己的错误吧！"最终，马克森的这个错误得到了改正，而且没有给任何人造成更大的麻烦。这件事让他给总经理留下了非常好的印象。他觉得马克森这个人对待工作非常的认真负责，而且勇于承认错误，不找借口，不推脱责任，值得信任，因此开始重视他，也给他更多的表现机会。果然没多久，他就给马克森升了职，也增加了薪水。

形成敢于认错的思维习惯

1. 建立"认错的好处"：我们要在思维中建立一种"认错有益"的反射，即我们只要敢于承认错误，不为自己找什么无用的借口，往往会获得别人的谅解和信任，给人留下一种诚实、高尚和谦卑的印象，就像马克森一样。有了这样的思维反射，我们就能在第一时间认清错误，改正错误，这并不影响自己在人们眼中的形象。

2. 明白"不认错的后果"：另一方面要做的工作，就是扩大不认错会产生的消极后果。让潜意识知道，一个犯了错误总是为自己找借口和推脱责任的人，就一定会给人们留下极坏的印象，让人讨厌，也让人憎恶。这样一来，人们就能将这种既看不清自己的判断失误，又拒不认错的顽固的立场从脑海中赶出去了。

反向思考就一定正确

去年,在旧金山短暂停留的3个月内,我发现有一个学员特别喜欢反向思考,并且把反向思考当作得出正确结论的常胜法宝,并且认为这种思维方式是绝对正确的。他说:"有钱就一定幸福吗?未必。试想一下,有几千万的身家却婚姻不幸,孤独终老,那是多么可悲的一件事啊!还是别有太多钱的好!"我听了以后,就把他请过来,就这一问题与他展开了讨论。

我说:"世俗观念都认为有钱是好的,人们也喜欢有钱人。因此你的这个观点是不对的,反推出自己的结论,是吧?"

"是的,先生。"他说,"越是这样的事情,越需要反向思考,才能理性地看待金钱。"

我点点头,鼓励他的这个看法:"这样想很好,的确如此。我们在金钱的问题上确实需要理性,不能成为守财奴,也不能成为拜金主义者。但是,我们为什么不这样想:既让自己变得有钱,又可以避免犯下有钱人的那些过错呢?有钱人的婚姻未必就是不幸的,他们也可能是婚姻幸福的。"

他的大脑这时就像被敲了一棍子:"呀,是这样!我怎么没想到呢?"

从一种极端的思想,走向另一种极端的思想,有时候就是这么简单。人们在反对某种"绝对正确"的思维时,往往也会让自己萌生出新的想法,变成了

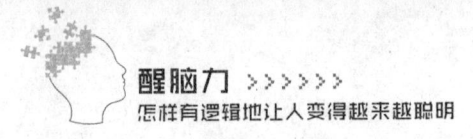
另一种不容批判的思想。换句话说，人们习惯于把原先的神打下神坛，再放一座神上去。

这显然是不对的。这个世界上所有的思维模式，都是由人的行为与思想演变而来的。不过，充其量是通过对比得出的，举一个例子你就会明白的，因为甜的东西吃了以后让人感到舒服，而苦的东西吃了以后让人觉得不舒服。所以，人就有了一个基本的概念对比：甜的东西好，苦的东西不好。然后就形成了思维与行为的倾向：喜欢吃甜的，不喜欢吃苦的。

但是与此同时，我们也可以发现，在生活中你吃了甜的东西——吃得太多，又会觉得有的东西的味道很淡；甜的东西吃习惯了，就觉得别的东西索然无味。但如果你平时吃苦的东西多，偶尔喝水也都觉得很甜。这时人们又怎么想呢？仍然是一个对比的概念，而不是反向推论。不能因为甜的东西好，就觉得苦的东西是坏的。因为两者是对比存在的，并非是相互对立的。

我们可以通过对实例的演绎，来分析一下思维的不同层次，看看反向思考是如何走进误区的。

比如有人总结道："男人都很花心，女人都很现实。"他的意思是男人好色，女人爱钱。这句话当然很有迷惑性，假如你不去思考，可能一下子就被击中了，茅塞顿开，就好像读到了一条真理，频频点头，认为确实如此。

认为自己稍微聪明一点的人（这类人往往觉得自己已经看透了世间真理），这时就开始了反向思考。他得出的结论是什么呢？他说："那些认为男人都很花心的女人，其实是因为她自己没有吸引力；那些认为女人都很现实的男人，则是由于他自己没有本事。"你看，反向推论出来的结果完全走向了另一个极端，和上一个人相比，其实没有什么本质的不同，都是在完全否定一种或多种现象，并没有对现象背后的本质进行分析。

重新跳回思维的模式中，你会发现什么？那就是很多东西是不可反向思考的。正向的推论是错误的，并不代表反向的思维就一定正确，比如有个人去抢劫的时候，因为受害人的反抗就把他杀死了，从单纯的抢劫财物，变成了抢劫兼杀人。这是一个悲剧，不是吗？如何避免这样的悲剧？如果反向思考，得出的结论一定是：为了避免被杀，受害人就不应该反抗。只要不反抗，罪犯就只会拿走财物，不会动手杀人。

你仔细想一想，这个推论是不是无比荒诞呢？思维可以向前思考，也可以换位思考，但在多数情况下，却不可以反向推论。

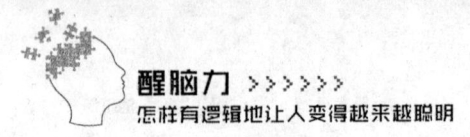

建立思维的无障碍通道

当思维的通道发生阻塞时,头脑中的思维障碍就形成了。从学术意义上讲,它是指人的思维联想活动量和速度方面发生了奇怪的异常。包括形式类的障碍和内容类的障碍,比如反应迟缓、内容贫乏、思维破裂、散漫、走神、中断和不连贯等。

我们知道,思维是大脑的功能,是我们在已有判断基础上做出的新判断,同时它也是一个缜密推理的过程。在具体的思维方式上,我们又受到了自己以往的经验、社会文化背景的制约——也许还有更多的因素在参与这一进程。因此,不管怎么样,你接触的任何信息都会影响你的思维过程。换言之,它们也都可能成为你思维方面的障碍。

思维障碍的表现

从心理学的角度来说,据我十几年的经验,人的思维障碍大体可以分为三种基本的类型,并体现了这三种行为模式。

■ 概括障碍:在概括的过程中,会出现水平下降与逻辑错乱的现象。

■ 动力障碍:思维出现动力的阻碍,变得懒于思考。有时明知一个问题非常紧急，却仍然不去启动思维的发动机。

◼ **动机障碍：**思维的动机出现问题。这并不是根据结果发现的障碍，而是在思考的一开始就出现了。具体表现为付出了大量的精力去思考，却仍然对自己的动机没有明确的定位，因此造成了思维的混乱与逻辑的迷失，得出了似是而非的结果。

总体而言，拥有思维障碍的人，他们所产生的信念无事实根据，但他们却对此仍坚信不疑，缺乏否定的能力。他们对某一些观点并不能以亲身的经历纠正，也不能为事实所说服。有些人就是这样，谁也甭想说服他、改变他，只能任由他自己一个人胡思乱想，坚持到底。还有些人则有妄想性的表现，他们错误地将某些内容与自己的切身利益、个人的需要和他的安全密切联系起来，产生一种思维的紧迫感。

这都是思维障碍的表现，比如我们的妄想内容受到了个人经历和时代背景的影响，也与对未来的期盼和对现实的焦虑有关。与此同时，有的人的妄想内容带有浓厚的文化背景和时代色彩，比如在科学发达的时代，人们多有物理影响的妄想；在落后地区，人们则妄想一些迷信色彩的内容，明显地表现出与环境相吻合的特点。

那么，要打通这些障碍，我们需要做些什么？

你的思维被定式了吗

最重要的，你要检验一下自己的思维是否已经被定式了。也就是说，你是否已在漫长的岁月中形成了某种顽固和惯性的思维模式——这种模式捆绑着你的头脑，使你不易被改变，又让你无法容纳新的信息、新的立场和新的思维模式。

想要建立无障碍的思维通道，唯一的办法就是思维的创新。而要做到思维

的创新，你就必须打破既定的思维模式，才能让自己从一种全新的角度来观察事物、评价事物，最终得出比较客观的结论。

这是一个很普遍的事实。我们有时在想问题的时候，总是按照经验或者既定的方式去考虑，缺乏灵活的变换。我们不能从另一个角度重新审视，也不愿意这样去做。时间久了，就如同一扇铁门生了锈，再也难以打开。最后怎么办呢？只能采取"思维爆破"的办法，完全转换角度，炸开这扇铁门。但那样付出的代价是否太沉重了呢？

事实上，想打破思维定式，可采取一些测试与分析题的方式，在一个比较长的时期（一般需半年到一年）来逐渐对旧的思维模式进行渗透。一点点地扭转陈旧的思考模式，达到比较温和的效果。

请分析一下这两个案例，看看自己能否从旧的思维模式中跳出来。

案例一：一名杀人犯被判死刑

这名杀人犯马上就要走上刑场了。他必须选择三个房间中的一个房间受死，没有别的选择。能不能活下来，全看他的造化。第一个房间里燃烧着熊熊烈火；第二个房间里全是杀手，手里都拿着装满了子弹的枪；而第三个房间则塞满了3年没有进食的狮子。

请问：哪一个房间对他来说比较安全呢？或者说，他去哪一个房间活下来的可能性比较大呢？

现在你可以分析了——首先你如何考虑这个问题呢？很多人在看到这个问题时都感到头大。这三个房间没有一个能活下来的，对吧？第一个房间能把人烧死；第二个房间能把人打死；第三个房间能把人吃掉。一个比一个恐怖，怎么可能活下来呢？

但是等等，有个地方不太对劲，"塞满了3年没有进食的狮子"？当我们把这句话单独摘出来时，你有没有发现点什么呢？狮子作为百兽之王当然是很厉害的，更何况塞满了整个房间，没有人能从里面完整地出来。但它们竟然3年没有进食了，它们还能起来咬人吗？肯定已经饿死了。因此，这才是正确答案。打破了思维上的障碍，你就能看到正确的路径。否则，你就只能钻进死胡同，根本无法返身出来。

案例二：逮到正确的人

根据一个匿名电话的提示，联邦警察突击搜索了一个房屋，逮捕了一名犯罪嫌疑人。他们在闯入屋子之前并不知道那名嫌犯的长相，但是知道他叫汤姆。在屋子里，警察看到一名木匠、一名出租车司机、一名汽车修理工和一名消防员在一起打牌。这里面共计有四个人，但警察根本没有询问他们的名字，就立马逮捕了那名消防员。

问题来了，联邦警察怎么知道逮到了正确的人？

假如说上一道题在正文中还有一些提示，那么这道题的分析就要完全依靠自己的思维能力了。或者说，需要你从常识性的思维通道中完全跳出来，想到一万个不可能中的"唯一可能性"。看第一遍、第二遍甚至第三遍时或许你都看不出任何破绽，但是破绽恰恰就隐藏在所有的信息中。

比如我们可以分析汤姆的身份。从他的名字看，说明他一定是个男的。那么警察在什么情况下连名字都不用询问就会毫不犹豫地上去一把抓住他呢？答案只有一个：屋子里的这四个人中，只有消防员是男的，其他的几人都是女的。因此，警察根本不用询问他的名字，就知道他一定是那个叫作汤姆的罪犯。当然，前提是警方的情报十分准确，确定罪犯一定藏在这个屋子里，而且一定在这四个人当中。否则，上面的所有猜测都将失去意义。

忠告：离"绝对正确"远一点

不管我们做什么样的决定，做什么事情，切记一个原则：它肯定具有正反两面的影响，而不是只有绝对的一面。也就是说，任何决定与行为的"绝对正确"性都是不存在的，即没有可能实现。

假如你认为自己的某一个想法或行动一定是完美无瑕的、无可指摘的，那么你的思维就进入了一条错误的、狭隘的通道，你也就拥有了一种脆弱的、经不起推敲的极端化思维。就像男人会发现自己的妻子在生活中的极端表现——她们要么认为一件事情是自己不想要的，要么就觉得这件事情是自己特别想要的，从来不会分析其中的原因或者找它的两面性。

斯坦利讲到了一个他在洛杉矶遇到的一件事情。一位叫艾琳的家庭主妇参加了"逻辑思维"训练营的课程，和他有过四到五次的单独交流。艾琳是一名来自韩国的移民，定居美国已经有 12 年了。她的美国丈夫是洛城当地一家警局的文职人员，长期的文职生涯使他对生活有了一种无欲无求的感觉。换句话说，艾琳认为她的丈夫对人生太缺乏野心了。

这正是她的苦恼，也是她的问题所在。她说："我和丈夫平均每周吵架 3～6次。感情融洽时吵架 3 次，不融洽时则可以达到 6 次。我对他怒其不争，哀其不幸，希望他振作起来，至少应该制定一份职业发展规划，比如 5 年内是否让自己向上晋升一个级别？我认为这是正确的人生观，也是必须具备的事业观。在我们东方，男人都是这样的。如果男人不这样想，岂不是活得太窝囊了？"

这是艾琳的思维，也是她对男人的认知。更关键的是，艾琳咬定这一点非常正确，毋庸置疑。同时，她认为丈夫否定这种价值观是不可思议的，无法理解，也不能被原谅。甚至在一段时间里，她开始怀疑自己当初嫁给这个男人的决定是不是太仓促了？

"有一次，我们吵得实在太厉害了。情急之下，我就动手打了他。请原谅我的用词……其实我不是真的打他，只是用手中的盘子'飞'了他一下……"

斯坦利顿时大惊失色。这还不叫"打"吗？就连忙问："他受伤了吗？"艾琳很不好意思地答："他的眉头被砸了一下，不过幸亏没大碍。"

"接下来发生了什么？"

艾琳突然哭起来："他当天就搬了出去，去了朋友家借住。到现在为止已经超过 5 个礼拜了，还没有回家的意思。并且他给我写了一封电邮，告诉我他不会改变自己的想法。他强烈地攻击、否定了我的想法。可是，我认为自己没有什么错误。"

这当然是很错误的认识，我们没有人可以去做绝对正确的事情，并且把绝对正确的观点坚持到底。就如艾琳这样，一再要求丈夫必须听从她的，服从她的人生安排。因为这是不可能的。艾琳还觉得丈夫离不开她，像面团一样这么揉搓他也不会跟自己翻脸。但她不知道的是，生活中没有谁离不开谁。人们经常犯的错误就是"他离了我怎么活"的思想——把自己在对方心目中的地位看得太重要了，以至于做出离谱的判断，采取了令人遗憾的行为，让双方的关系在一夜之间支离破碎。

何况，从经济学上讲，做任何事情都存在机会成本。有人告诉你一样东西特别值得购买时，你一定要想一想这是不是一个陷阱；当有人告诉你一个道理

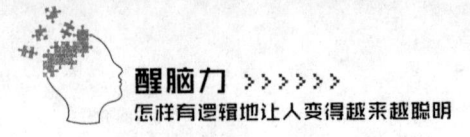

绝对不能反驳时，你要警惕地思考一下这个道理的危险性（煽动性），然后离他远一点。

同理，如果艾琳的丈夫听从了她的建议，从一个无欲无求的坐班族向更高的职位发起挑战——这也许可行，但她有没有想过自己的丈夫会付出什么样的代价，支付多大的成本呢？对她本人来讲，丈夫的改变意味着她自己也将支付成本，比如——丈夫一旦升职，成为警局的明星，或者更加成功的人士，那么她的家庭地位难道不会发生改变吗？两个人还能重回当初的温馨生活吗？这一切都还是一个未知数。

1. 对比判断：如果一件事情带来的积极面大于消极面，我们就可以去做；如果一个道理的积极意义大于消极意义，我们就可以坚持。对事物需要保持这个判断标准。

2. 克服消极面：无论一件事物是否绝对正确，我们都应看到它的消极面。但不能总是去关注它，因为这只能让你感受到恐惧、消极，最终不得不放弃。所以，克服事物的消极面是很重要的思维环节。

第 八 章

管理——团队的思维密码

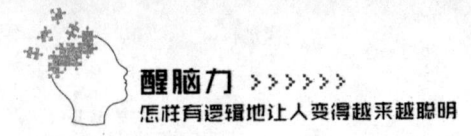

造梦师——逻辑设计者

为你的团队造梦就是提供一种共同的思维逻辑。为什么说是造梦？因为人人都有梦想。你的责任就是激发他们的梦想，并在每个人的梦想之间串联起一条紧密的绳子，将所有人的梦想连接在一起，成为大家共同的梦想。

由此带来的好处是多方面的。我们知道，从本质上讲，梦的本质就是梦想或者欲望——它不是我们躺在床上做的那种"梦"。当我们提供一些激励的言行时，则经常会产生和强化人的欲望，让他们的欲望演化成梦想。有了共同梦想只是第一步，你还需要为共同的梦想设计一个共同的逻辑。这个逻辑需要解决什么问题呢？就是大家共同的思维方式。有了这种思维方式，团队才能步调一致，同进同退，由乌合之众变成一支真正的团队。

因此，通过激励和醒脑来带动我们在管理中的"造梦工程"是十分有道理的。那么问题就来了，现实中的你——是别人梦境中的道具，还是一个设计思维逻辑的造梦师呢？这是一个非常重要的问题——现在你是造梦者，还是仅是别人设计的梦境中的一枚棋子呢？

除了强调和发现上面这个问题外，更关键的是，我们需要为自己的团队设计什么样的逻辑？

1. 愿景与渴望的逻辑

让人人都有愿景，并阐述自己的渴望。就像我们在面试时会问："你对在公司的发展前景有什么展望？"说白了，就是你希望在公司发挥什么作用，实现什么理想？这就是对员工造梦的第一步，也是灌输共同逻辑的开始。而这个开始，就是从愿意与渴望起步的。

当员工个人的渴望与公司的愿景正好达成一致时，双方的思维逻辑就开始融合了。

2. 服从与执行的逻辑

管理者对下属的第一要求从来都是服从与执行。服从就是听话，上司说什么就是什么，下属的态度只能是听从。但只有服从还不够，服从之后还需要执行。这里的逻辑顺序就是——先有理解，然后服从，最后执行。员工要理解、服从上司的工作安排，并且完美地执行到位。

3. 学习与创造的逻辑

最后是与发展有关的逻辑。我们要教会员工去学习、充电和成长，目的是什么？是激发他们的创造性思维，为公司的发展做出更大的贡献，为企业的成长付出更多的助力。你要给他们学习的动力，也要想办法给他们创造平台。学习、创造，然后成长。这就是团队发展的逻辑，也是实现共同梦想最重要的一步。

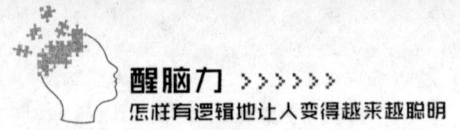
你会看到两种团队

第一种：以利益为基础形成的团队

团队的成立基础是"互利"，人们为利而来，建立一个组织，然后为每个人提供利益回报。所有的公司都有利益因素在里面，但如果只是以利益为基础（除此之外没有其他），那么这种团队持续的时间一般不会太长，也不会成为太优秀的团队。在卓越的公司行列，你不会看到它的名字。

最重要的是，在利益型团队中，当团队成员的利益发生冲突的时候，内部马上就会产生裂痕。人们因利而来，也因利而散。当成员从中获得自己需要的利益后，就很容易离开团队，远走高飞。某公司上市后出现了大批员工卖掉股份辞职的现象，就是这种因素的体现。以利益构建团队思维，必然会出现这种情形。

第二种：以价值观为基础形成的团队

人们因为有共同的价值观而走到了一起，组成一个团队来做某些事情。这种团队的持续时间相对就比较长一些。因为团队的梦想具有无比强大的凝聚力，人们有共同的理想，有类似的价值观、世界观，自然就具有了相同的思维模式。那么在这个基础上，团队的战斗精神就具有了持久的保证，公司内部很难因为一些利益冲突出现问题。

当然我们也知道，价值观并不是团队的全部，但这却是团队长远发展、优秀与否的一个非常重要的因素。第二种团队也是全世界的管理者（老板）都希望建成和拥有的，没有哪个人只想用利益去笼络人，都希望用一种价值给团队成员醒脑，因为这是最有效的管理思维。

一个团队在形成后，不管其成员共同经历了多久的岁月或多伟大的战斗，也无法保证团队里面所有的成员都是一个样和具有共同的思维逻辑。

在全世界的团队中，我们将其成员大体可以划分为四类：

1. 上进者：积极进取。

这是团队中的少数成员，他们不管做什么工作，都希望自身的水平可以不断提高，并且可以获得进一步提升的机会。所以他们在公司积极进取，努力工作，勇于挑战困难，迫切地希望老板给他们更多更好的机会。

2. 过客：过把瘾就走。

他们大多以刚从大学毕业的年轻人为主，且主要是从事第一份工作的人。他们从来就没有想过要长期从事这份工作，目的只是来这儿学点经验，赚一点生活费，顺便把公司当成一个跳板。一旦有机会，他们就会毫不犹豫地离开。

有的老总时常会无奈地说，一些年轻员工实习期还没结束就突然消失了，甚至连工资都没有要就不来上班了。他们就属于这种类型的团队成员。

3. 苦干者：只专其职。

这一类型的人大多属于技术型雇员，他们对晋升不太感兴趣，但对自己的本职工作却充满热情，喜欢埋头苦干，每天都尽自己最大的努力。他们是好团

队的基础，也是卓越团队的中坚阶层，是管理者必须重视的一群人。因为他们代表了团队的技术与创新能力。

4. 功利者：拿钱混日子。

他们对工作的思维是极度功利的，仅仅是把工作当成一个赚钱的饭碗。简单地说，就是你给他多少钱，他就干多少事儿。多一点都不干，到了点就下班走人，每天到公司都是混日子。这个类型的人几乎占到了一半左右，我们身边经常能见到这种人。他们平时讨论的并不是自己的事业如何发展，而是工作的稳定性、薪水的保障程度和办公室的八卦新闻。

这四种类型的成员构成了我们团队的基础，同时也决定了团队的稳定性，注入了团队的基本动力。每一位想管理好自己团队的人都应该重视和了解这种员工，洞察他们的思维，才能从容地驾驭他们。

老板的动机

最近，我在广州做完了几个民营企业的咨询项目，其间接触了一类性格特征非常鲜明的老板，他们就是具备斯坦利所说的"具有超强的成就动机"的人。比如他们从艰苦的环境中成长，从辛苦打工，再到积累到一定的资金然后自己艰苦创业，发展到今天，拥有了自己的企业，攒下了不菲的资产。

不过，有几位老总告诉我，他们也面临着一系列的困惑——对自身动机的思考、对企业未来发展的考量，都碰到了思维方面的瓶颈。有时，他们想不通自己的下属都在干什么，不明白这帮人拿着薪水还要跟自己对抗的原因是什么；或者是他们不太理解有些员工明明在公司很有发展前途，却在某一天突然选择了辞职。

"为什么员工不理解我们？"

"我到底哪些地方做得不对呢？"

这是老板们的苦恼。他们的动机和员工的动机不在一个起跑线上，甚至可以说是不在一个房间。这就使得管理出现了裂痕，在公司内部发生了形形色色的冲突。其中有一位自己白手起家的老板，他单独找到我，与我谈了两个多小时。他的问题比其他几位老总更为明显，希望下属可以理解自己苦心的意愿也更强烈。

但是我告诉他:"你首先要弄明白自己究竟想要什么,而且不能在这个问题上犯丝毫错误,否则你对企业的管理就会出现问题,对未来的规划也会找不到正确的思维和逻辑。"

你必须知道老板在想什么

诚然,这的确已成为一个大问题,而且是影响公司内部和谐的位列第一位的问题。员工不知道老板在想什么,乃至不惜以最大的恶意揣测老板。老板呢?也不理解员工是如何想的,于是也抱着最坏的打算去揣测员工。

在一次调查中,很多雇员都对此问题反映说——嘿!老板在想什么我怎么会知道?他恐怕每天都在琢磨压榨我们的办法吧?

瞧,这就是员工的思维。在他们的脑海中,老板们一定在自己豪华的办公室里时时刻刻都在设计最新的机器——只要把员工揪住扔进去,这台机器就能自动压榨出所有的血汗,供老板食用。

总而言之,老板们给下属的印象都不怎么好。但问题是,我们每个人都不知道对方的想法,即便是同事和客户之间,甚至亲人和朋友之间,能互相理解30%就已相当不错了。因此,我们自然也猜不出老板们的想法。那么,在想象不到的情况下,为何还要单方面恶意揣测呢?这可不是什么值得提倡的做法。

换句话说,在上下级沟通的过程中,在某一方面肯定出现了误会。我相信很多公司的职员都会遇到类似的情况:老板明明怀着好意,或出于公心的"打扰",总让员工认为是恶意剥削,比如在休息时,老板打电话来讨论公事;在吃饭时,老板打电话来催加任务。

公司的秘书杰奎琳女士也向我抱怨:"老板,你给的事情总是多得做不完。我已经照你说的去做了,为什么你还是觉得我不够好?您究竟在想什么呢?"

还有一位雇员给我写邮件,痛苦地讲述他的心声:"老板,我知道我犯了错误，但您有必要骂得那么凶吗？您既然骂了我，还有必要再扣发我半个月的薪水吗？"

他们不理解，十分委屈，有时还感到很气愤。但请相信我，对大多数老板来说，骂人绝对不是一件令人愉快的事。没有哪个老板喜欢天天没事把下属揪过来痛骂一通，他难道有病吗？而且，每一次在大发雷霆后，比起气愤，老板更在乎的是部属是不是真的听懂了他的话，是不是能真的记取教训，不再犯同样的错误。否则，他浪费这么多宝贵的时间多么不值。如果真想娱乐，他完全可以去高尔夫球场，而不是待在密闭的办公室一个一个找员工谈话。

如果可以，我想没有哪一个老板愿意搞坏办公室的气氛。因此，我总是建议自己的学员——包括对我有怨言的下属，就算你认为自己只犯下了一丁点儿的错误（哪怕不超过 1% 的责任），最好也表现出一种承担全责的姿态，把整件事当作你的责任，郑重地道歉，主动让整件事告一段落。我愿意看到这样的员工，并且喜欢提拔他们。全世界的老板都欣赏这样的职员，并且愿意给他机会。前提是，你能有这样的耐心，在长期的优秀表现中等待机会的最终降临。

斯坦利的部门有一名职员，似乎被他压榨很久了，实在忍无可忍，给我写来了邮件，控诉斯坦利对他的虐待。他说："我的头儿不管是假日、半夜、周末乃至我上厕所的时间，随时都会来电话讨论公事，他为什么连一点喘气的时间都不给我？我申请调职去后勤部门，再也不想在培训部受罪了！"

呀！真是一个愚笨的职员。他难道不清楚斯坦利的嗜好吗？斯坦利是一个喜欢谁就把所有的工作都交给他的管理者。对那些他看不上的职员，好几天不会安排一件工作。

我给这位员工回了一封邮件，非常简单地说："恭喜你，你很快就会被重用了。不瞒你说，如果你到了后勤部门，我也会经常在半夜打电话给你，因为你是一名优秀的员工。正因为你值得信任，作为你的上司，才会不管多晚都想立

刻与你讨论问题，征询你的意见。"

这封邮件当然起到了很好的作用，那名员工再也没有抱怨过。相反，当我再次见到他时，他红光满面，干得格外起劲。又过了几个月，他果然成了斯坦利最倚重的助理人员。

你需要知道的是，大凡能干的老板，每天除去开会、协商、回复信件的时间，他们能仔细思考的时段通常只剩下了清晨、半夜和假日的时间。老板们大多也都明白，在这段时间自己的下属肯定都在休息，联络他们当然会增加一定的困扰，还会让员工误解自己的动机。正因如此，能在这时接到电话的员工，通常都是被老板认为比较优秀的、可以讨论工作的角色。

所以，当你在这时接到老板的电话，一般来说，代表着你已经在老板的心中留下了比好的印象，这时你千万不要放弃机会。对你而言，这是一个绝佳的表现机会，不出意外的话，如果你能借此解决老板的问题，一定能给自己大大地加分，增加你在公司的分量。

如何回应老板

迪亚哥说："每次老板和我说话时，不管他说什么问题，哪怕只是闲谈开玩笑，我也会感到十分紧张！我究竟该如何回应，才能给老板留下好印象？我该怎么办才能知道老板的真实目的？"

答：遇到这种情况你不要紧张，这主要是因为你自己的紧张情绪导致的反应。在与老板谈话时，你不必无话找话，重要的是你先好好倾听。倾听往往是员工最讨老板喜欢的优点。老板多数时候想找的就是专心聆听的人，而不是一个话痨与长舌妇。

不过，你在聆听时，记住下面这三条原则，适当时回应老板，他自然会对你留下较深的印象。

1. 适时地给予回应：随着你们之间谈话内容的深入，你要视情况决定如何回应，比如应不时以"原来如此""真的吗"此类的感叹表示赞叹和认同，使老板接下来可以顺利地说下去，甚至可以告诉你一些不能轻易透露的信息。一个好的倾听者，同时也是一个称职的回应者，记住这一点！

2. 交流时需要你探出上身：这个姿势表示尊重，也让老板觉得你对与他说话很感兴趣，而不是特别厌恶地坐在他的面前。因为从常理上讲，任何人听到想听的内容时，都会不由自主地探出身子。因此，即使老板的话索然无味，听得让你欲哭无泪，你也要记得探出身子，表现你对谈话的兴趣，给他最起码的尊重。

3. 对老板的信任表示感谢：即使感谢的内容了无新意，俗到了极点，你也要在回应时加上一句："谢谢您告诉我这么重要的事情！"以此感谢对方对你的信任，这会让老板觉得你理解他，也懂得高低之分与身份之别。

为什么抱怨

莫利说："为什么老板丢给我的事情，总是多得做不完？为什么我从早晨醒了到晚上睡觉，都有忙不完的工作，累得我快虚脱了，还有成堆的工作推到我身上，命令我限期完成，我真的受不了了，真想离开这个鬼地方！"

答：这确实是一个严肃的问题。但首先，你曾经认真想过公司的利润是怎么来的吗？有没有思考过老板把这么多工作安排给你的动机呢？从理论上来说，我们的答案不外乎是"营收"扣除"成本"，这是公司的利润，是老板的追求。但这也意味着，如果公司获利，你所创造的产值和你的薪水之间一定会有一个差距。当然，老板的目标就是尽可能将你的薪水压到最低，并且让你去做更多的工作。这就是老板的想法。

因此，假如换你来当这个老板，你自然也会希望每一名员工的薪资，都能

低于他所创造的产值，希望公司赚的钱越多越好。所以，老板如此压榨你，绝对不是对你个人有什么私恨，而是出于公司利益的需求。那么，此时你就要从另一个角度想一想了——你总是做不完工作，抱怨又没什么效果，应该怎么办呢？

唯一的答案就是调整自己：第一，调整工作的方法，让工作效率更高；第二，管理好自己的时间，让时间安排更有序；第三，就要考虑向老板申请调整职位，根据你的贡献大小，可以去申请升职，提高自己的权限，由此完成从抱怨者向受益者的转变。当然，这将使你在公司很忙，或者成为老板手下最忙的那个人。同时这也是一件好事，说明你是公司很难被取代的一员。这就是你的最大优势，需要你充分利用。

为什么老板永不满足？

黛西说："我向来都很听话，又很忠诚。现在我已经照老板说的去做了，执行得也很好，为什么老板还是觉得不够，还是每天都要求我付出更多，而且从来没有表扬过我？"

答：黛西的感叹涉及老板的又一个动机：老板是不会满足的，特别是在对员工的评价中。你达到了 80 分，他希望你上升到 100 分；等你达到了 100 分，他又希望你上升到 120 分甚至 200 分。在他眼里，再能干的下属都是"不及格"的，远远满足不了他飞速膨胀的胃口。

我们再换一个角度，假如你就是老板，你认为公司的业绩会因为你的员工听话而变得更好吗？恐怕不会。就如上一个问题里讲到的，老板每天的工作就是努力拉开每位员工"产值"与"薪水"之间的差距，让每位员工薪水之间都存在差异，以赚取差价。假如你永远只完成老板的要求，每天准时上班，守在工作岗位上，公司并不会因此而多赚一块钱，尽管你十分听话，老板又怎么能满意呢?

所以,我们的答案是——那些真正能够使老板满意、无法被取代的下属是什么样的呢?他们一定永远不会等着听命行事,不会达到听话的标准就满意了,而是永远会做出超过老板期待的工作量。超出了老板的期待,老板才会满意。这就是他们正在想的,也是他们在管理工作中的终极目的。

建议:当你执行老板交付的任务时,不妨先问自己一下:"除了这些,还有什么是我能做的,我能额外提供些什么?"带着这样的心态去工作,时间长了,老板看见你时,脸上的笑容就会增加很多,就不会每次瞅见你就会叫过去训斥一番了。

为什么会发生冲突

克里斯蒂娜很苦恼:"我的老板从来都不讲理,有没有对付他的秘诀?如何才能避免与他的冲突,或者说让他不敢苛待我?每当他叫我进办公室时,我都只能做好苦战的准备,因为他一定会冲我大发雷霆,我简直一分钟也待不下去了!"

答:你是知道的,这是全世界的很多企业都存在的问题。很多老板都有一个被下属咒骂的特质,那就是不讲理。我相信,很少有员工见过讲道理的老板。而且根据我的经验,假如一个企业的老板事事都讲道理,那么他也是无法成事的,因为他缺乏那种霸道的张力,难以在公司建立真正的权威。

你还应该明白的是,老板对决策、预算或其他管理方面的强硬,来自他必须面临的许多意外与挑战。他的压力是非常大的。特别是在非常时期,更不得不以大局为重,牺牲很多本不该舍弃的利益。如果没有一股"不讲理"的狠劲,公司在他的领导之下,恐怕就只能坐以待毙了。

在简历中我发现,克里斯蒂娜是一位财务人员。那么老板的不讲理就更容

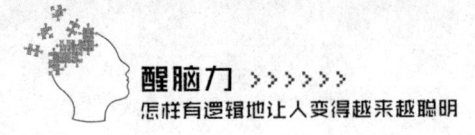
易理解了。在涉及财务问题时，老板习惯性地打折扣理所当然。但身为部属，也不是没有办法应对，你可以事先将折扣数往外加，在预计数额上增加一定的数目，让老板打折，打完折以后的数额，就是一个较为理想的预算，可达到符合你期望的价钱。

特别需要注意的一条原则是——如果你在工作中真的遇到了那种"完全不讲理"的老板——他们就像一只恶狼，人人讨厌——这是有可能的，你应该怎么办呢？我的建议是，与其浪费时间不停地咒骂他，不如选择接受和解决问题。当然，这是建立在你实在没有办法离职的基础上，通过完成不可能的任务使你的能力倍增，改变老板对待你的态度，同时也将这种经历转化为你的"自我成长"的强大助力。

为什么让你背黑锅

库克气愤地说："我们老板的主意很烂，把生意做坏了，最后却让我替他背锅，我该怎么办呢？而且这种事不止发生过一次了，简直每个月都发生，倒霉的总是我，我既替他背黑锅，还得帮他擦屁股！这算什么事儿？"

答：库克都快要哭了，但不要着急。因为这正是老板的主要动机之一。他们虽然是企业的主人，或者某个部门的主管，但业务能力未必就真的很强。当老板们天外飞来想出来一个创意、提出来一个想法时，得意之情未免溢于言表。但说实话，不见得是一个好主意，而且还可能是一个糟透了的想法。

可是，那些害怕得罪老板的下属此时往往会昧着良心不说真话，揣摩上意，含糊地应付老板，比如当老板说出一个想法征求意见时，下属们连连说好，举手赞成。这就导致连老板自己也无法明确地做出判断，还以为大家都同意了，无形中就纵容了自己的馊主意。结果怎么样呢？把业务做坏了，公司赔钱了，老板此时醒过神来，肯定要找人顶罪。

不过话又说回来，这里面难道真的就没有下属的责任吗？背黑锅的人当初在老板征求意见时，难道就不是那个举手称赞的人吗？有时候，老板出了馊主意，下属也该担负起一些责任。因为一个真正聪明的下属，他一定会充分地了解老板的思考、动向以及老板正在做和正在想的事，但这并不是为了凡事都顺从老板，而是明白老板可能想出一些烂点子。好的下属必须保持冷静的判断力，随时准备接招——假如老板的主意真的很烂，那么一定要明确地拒绝，绝不能有丝毫模糊的想法。因为只知道一味地顺从老板、让老板一错再错的下属，永远只能为老板收拾和善后，背黑锅也就在所难免了，没什么可抱怨的。

其实老板的动机很简单，那就是公司利润——最大限度地为公司赚取利润。全世界的老板都具有这个共同的动机，没有人可以例外。因此，要想受到老板的器重，那么你就必须要努力给公司创造价值。从双方的利益角度来说，这也是最能取得互信的一种方式了。

谁是最忠诚的手下

费城一家公司的总裁凯特向我抱怨说："我希望把忠诚作为一项基础价值观逐渐渗透到公司中，让雇员都能懂得什么叫作忠诚，并且学会忠诚，但现实却让我极度失望：不仅基层的员工跳动频繁，受到了一些猎头公司的影响，那些本身做得很好的高管人员，也偶尔会被猎头们约出去吃饭。我最近就在怀疑有人准备跳槽，所以十分紧张。我感觉没有什么人值得信任了，他们全都不忠诚，我找不到忠心耿耿的下属。"

记住——恩惠买不到忠诚

你越是施以恩惠，越是买不来员工的忠诚。反过来，你越是从员工那里获得恩惠，让他们付出的越多，却越能得到他们的忠诚。这个道理听起来好像不可思议。可事实就是如此。

希特勒在 1942 年 3 月下令搜捕所有的犹太人，然后把他们关进集中营。这时，六十八岁的犹太商人贾迪·波德默召集全家商议对策，最后想出了一个没有办法的办法，向德国的非犹太人求助，争取他们的保护。

办法定下来之后，接下来是选择求生的对象。两个儿子认为，应该向银行家金·奥尼尔求助，因为他一直把波德默家族视为他的恩人。在不同的场合，他也曾经多次表示，如果有什么需要帮助的，尽管找他。

波德默家族拥有潘沙森林的采伐权，在欧洲是数得着的木材供应商。金·奥尼尔是一家银行的小股东，他是在波德默家族的资助下发家的。40年来，为了支持他打败竞争对手，波德默家族的钱，从来都没有存入其他的银行，就是到1942年，他的银行里还存有波德默家族的五十四万马克。现在，波德默家族遭遇到了灭顶之灾，向他求助，他怎会袖手旁观？六十八岁的老人却不是这种意见，他认为应该向拉尔夫·本内特求助，他是一位木材商人，波德默家族的人是跟他打工起家的，后来因为他的资助，波德默才有了今天的家业。现在虽然很少往来，但心理上从没断绝过感激和思念。最后，老人说，你们还是去求助拉尔夫·本内特先生吧！尽管我们欠他的已经很多了。

第二天一早，两个儿子就出发了。在路上，二儿子说，我们不能去本内特先生那儿，上次我见他时，他还提那七百吨木材的事。要去，你去吧！我要去求奥尼尔。最后，二儿子去了银行家那儿，大儿子去了木材商的家。

1948年7月，一个叫艾森·波德默的人，从日本辗转回到德国，去寻找他的家人，最后一无所获。后来，他从纳粹档案中查到这么一项记录：银行家金·奥尼尔来电，家中闯入一名年轻男子，疑是犹太人。一年后，他又于奥斯维辛集中营的死亡档案中，查到他父亲、母亲、妻子、弟媳及六个孩子的名字，他们是在他和弟弟分手后第四天被捕的。1950年1月，艾森·波德默定居美国；2003年12月4日去世，终年八十三岁，他留下一部回忆录，育有两个儿子、三个女儿和九个孙

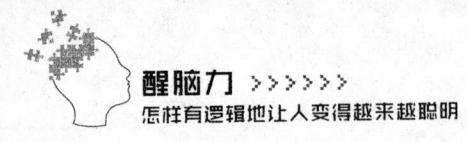
子、孙女。他留下的一本回忆录主要讲述他在木材商本内特的帮助之下，怎样去往日本，保全性命的。

该回忆录的封面上写着：献给父亲贾迪·波德默先生！封底写着："许多人认为，要赢得他人的忠诚，最好的办法是给其恩惠。其实，这是对人性的误读，在现实中真正对你忠诚的，都是曾经给过你恩惠的人。"

正如上面这个故事，通过对上万起案例的调查，我们也发现，在那些艰难的初创公司中，每个人都要付出很多努力才能帮助公司渡过难关，取得成长，但它的员工忠诚度却是最高的。人人干劲十足，想为公司做出更多的贡献。倒是在那些已经成型的稳定的大公司，雇员的离职率却相当之高，而且士气也相对低落，忠诚值大幅度降低。

也就是说——当你能够为他们提供越来越多的东西时，你却惊异地发现，他们的忠诚之心已经逐渐在降温，再也没有当初那么炽热与坚韧了。

"忠诚思维"的建设原则

■ 在思考时要全面，但要在情感的细节上落实

不少企业的老总都向我反映，在公司遇到真正的挫折和困难的时候，他们都很担心一个问题：下属会不会背弃自己而去？这时考虑到的就是忠诚度。如何建设好忠诚度，让员工可以跟公司共患难，让他们具备强大的忠诚思维？

面对这个问题，很多企业家会习惯性地向员工灌输公司的高薪资和高福利，试图以此来挽留员工的心。但他们却不知道，福利待遇并不是留住人才并让人才忠诚的充分必要条件。提高员工忠诚度最重要的其实是情感，也就是归属感。员工的忠诚度不是单纯由物质因素决定的，而是由他们内心的情感来决定的。

管理者在思考时必须全面照顾员工的每一个要求，并且要把这些要求在情感的细节上落实，让每名职员打心里认为公司就像家一样。

对"忠诚思维"的建设来说，这也是非常重要的第一点。

■ 忠诚的思维是培养出来的，不是挖来的

其次，忠诚度可以靠挖人来实现吗？答案是不能。现在很多企业家都有这个毛病——他们喜欢到处挖人，总觉得用高薪挖来的人才会迅速地给他带来价值；只要给的钱多，把人才挖过来，他们看在钱的分儿上，就会有很高的忠诚度；他们也认为，挖更多的人才进来，企业就会越做越好，团队就会越做越强。

这是认识上的一个很大的误区，而且这也是一个错上加错的思路。如果挖来的人才是看中了高薪才来的，那么不久之后，有别的企业用更高的薪水来挖他呢？是不是他就跳槽走了？如此说来，用钱买来的忠诚一点也不可靠。

阿里巴巴的马云说过，他以前一直觉得一起创业的那些人的能力跟不上企业的发展，总希望可以挖到更多的人才。但是随着时间的流逝他才发现，这么多年下来，始终保持足够的忠诚度的，还是那些最开始就跟着他的那一批人。

也就是说，忠诚的员工是少而精的，不需要太多。而且太多也不可能，永远都只是那么几个人。

在我看来，一个富有智慧的、真正懂得人心的老板应该去培养人才，而不是一味地用钱挖人。挖角可以买来能力，但买不来归属。只有懂得培养你身边的仅有的那几个核心骨干，才能让他们在不断的成长中成为自己的得力干将。共同成长起来的人才，他们的忠诚思维从一开始就打下了基础。我不是说这类人不会背叛你，而是基本上可以保证有较高的忠诚度和归属感。

1. 重点培养你原有的团队：他们因为早就和你建立了文化认同和价值观的互相认同，因此在这些大前提下，能力的提升就不会太慢。固然有些人的能力

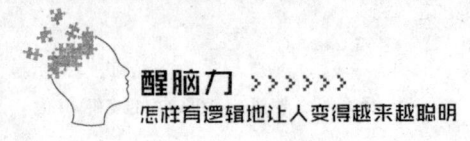
早就跟不上公司的需要了，也应该尽量给足机会，至少可以做给其他人看，赢取公司的人心。

2. 控制引进新人的速度：假如只是为了追求人才的数量，盲目地引进新人，甚至囤积人才，固然为公司增强了人才储备，但如果因此伤了老员工的心，挫伤了原来团队的积极性，对公司的稳定发展也是非常不利的。我并不是阻止你引进新人，而是觉得你应该确立一个稳步增加的原则——在不伤筋动骨的前提下，补充新鲜血液，这才是我们最好的选择。

总的来说，作为管理者，一定要学会培养你的下属，在他们获得机会的过程中，你会发现同时也增强了他们对团队的忠诚度。要知道，人才不在于数量有多少，而在于他们的凝聚力和战斗力。我们需要通过这些有能力、有成就而且又忠诚的骨干人才去影响和带动其他的人，让团队的忠诚思维更为牢固。

■ 先付出你自己的信任，建立换位思考的思维

如果你不相信自己的下属，又如何能换取下属的信任与忠诚呢？相比于员工的善变，很多企业家表现得更为"让人忧虑"，尤其是让下属们感到担心。很多老板从骨子里就不信任下属，最典型的特征就是不放权，也不授权，或者说放权之后又监督得过于严格，下属拿到权力也没有使用的自由，导致了一种"既用又疑，且用且疑"的尴尬局面。这样就会导致下属缺乏归属感，劳资双方离心离德，也就谈不上信任与忠诚了。

如此发展到最后，就成了老板每天都在责怪下属无能，认为这帮人什么事情也做不成，而我们的下属却每天都在抱怨老板的专制，痛诉自己没有施展的空间与机遇。这种局面一旦出现，对企业来说将是灾难性的。

作为管理者，如果你希望树立权威，获得下属的拥戴和忠诚，就应该先学

会换位思考。首先就是试着适当地放权和授权，理解员工在工作中希望获得一定自由度的想法，让他们在工作中感受到你的信任和栽培，自然而然，他们也会加倍努力，不辜负你的信任。那么这样一来，你就真正地拥有了一个融洽的团队，建立了一个强大且忠诚的团队。

管理者如何具体地来实现"换位思考"？

第一，少责骂，多鼓励。

下属们在做事情时，难免会出一些差错。这个世界上没有不犯错的员工。但有些老板似乎不懂这个道理，没有同理之心。面对下属的错误，他们就会不问青红皂白加以苛责，骂起来没完没了，训完之后还要罚钱，让下属每天都活得很憋屈。

但实际上，从管理学的角度讲，一个人犯错被责骂的时候，他最多只能记住前面的三句，后面的内容根本记不住，因为他一直在思考如何为自己辩解。所以老板们洋洋洒洒责骂了几千字，可能下属只记住了前面的一两句。

这样的责骂又有什么意义呢？作为管理者，你希望下属犯了错之后去同行或者竞争对手那里知错改错，还是希望他留在你的公司戴罪立功呢？答案很明显。因此换位思考的第一条，就是得多鼓励员工，少责骂他们。给他们犯错的机会，同时也给他们改正错误的空间。

第二，底线错误严格惩罚。

但同时管理者也要谨记，如果下属犯下的是底线性的错误，那么管理者就必须严格惩罚，依照公司的制度来办事，不能姑息。因为底线错误已经危及了公司的利益，甚至有损管理者在公司的权威和威信，就不能轻易放过和宽容。

也就是说，对非底线错误，不要过重责罚和批评；但犯了底线或者有关于价值观的错误，则要杀一儆百，严惩不贷，让公司的每一个人从中吸取教训。

从管理学的角度看，这叫恩威并施。有恩就得有威，两者缺一不可。

第三，以身作则，成为下属的榜样。

培养员工的忠诚不是我们一朝一夕就能办到的事情，它是一个漫长的过程。因为忠诚不仅仅是指让下属听话办事就可以了，更多是让他们既能够在决策正确时听话办事，执行得力，且执行到底，又能够在领导者决策错误的时候，敢于站出来指正自己的错误，据理力争，替公司挽回损失。这就需要我们的管理者以身作则，在平时应该格外注重自己日常的言行举止，成为下属的榜样。同时，也要多换位思考，如此，才能够更好地培养忠诚于公司的人才，建立一支富有强大战斗力的团队。

第 九章

信息时代——你是主人还是奴隶

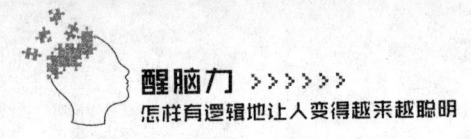

海量信息让人们不再思考

信息是人类思维的基础，就像只有汽油才能让发动机正常工作一样。没有信息，也就没有思维的产生。这个道理很简单，人人都知道。但是，信息的数量真的是越多越好吗？或者说，我们为做出判断，果真需要尽可能多的信息作为参考吗？

答案是：未必。

在今天这样一个光怪陆离的信息时代，互联网和新媒体的平台上不但有海量的信息，而且大部分都是免费的。我们只要用手一点、用眼睛一看就能接收到很多信息。它们如同滚滚洪流，一天 24 小时无时无刻不在冲刷我们的大脑，影响我们的思维。

信息时代的三大特征

1. **海量**：信息的数量没有上限，只要你愿意，你可以搜集到足够多的信息。

2. **多源**：信息的来源丰富多样，且经常没有一个绝对权威的发布平台。

3. **真假难辨**：信息的真假无法在第一时间辨别，只能通过详细的分析确定真伪，这非常有赖于一个人的判断力，特别考验人的分析能力。

人的大脑对此变化并没有迅速生成相适应的抵抗、包容和辨析能力，因为我们的大脑具有天然的惰性。人类从原始社会开始，直到今天的这几十万年，大脑的进化可能提升了不到2%。这就决定了人们很容易进入那种轻松地接收信息的状态，任何信息都可以从大门进来，不会遇到丝毫阻碍。

因此，现实就是——人们对互联网上的大量信息没有什么抵抗力。同时，由于信息的海量、庞杂和娱乐性，人的时间会被大量占据，并使大脑长期处于一种浅层次的活动中，缺乏深入的思考和对互联网信息的审视能力。

麦康娜是我在洛杉矶的一位朋友，她是一位传播学大师。她长期研究媒体信息对人类社会的渗透性影响以及对传统思维的冲击。她在写给我的邮件中说："几乎所有的媒体都会对我们产生全方位的影响。信息无所不在，已经开始在新的世纪改变着人类社会的传统，包括政治、经济、美学、心理、道德等。有些变化人类现在还没有看到，但更多的变化已经发生，并且到最后所有的一切都会变化。"

她将这种改变称为"按摩"，信息就如同对人体按摩一样发生着影响，尤其是对人的精神起到了强烈的抚慰作用。她说，这不是什么纯粹的文字游戏，当你真正地了解了媒体作为环境的影响，才能理解由此引发的社会和文化变革。

更重要的是什么？我们现时的人都活在互联网革命之中，也都在承受这场变革带来的一切新生事物。但是很显然，对信息时代的思维演变，我们大多数人还没有做好应变的准备。就像另一位传播学家卢汉曾经引用苏格拉底的话说：

字母的发明给人们带来忘性，因为这不会花费他们的记忆；人们转而信任外在的字母，而不再动用自己的记忆和思考。

也就是说，人类开始变得信任信息，转而抛弃了自身头脑的判断力。

人们已经不再像从前一样认真思考了

"谷歌让我们变傻了吗？"

"百度使我们成为思考的懒人了吗？"

"淘宝让我们的智力退化了？"

麦康娜抛出了几个疑问。她在过去的几年中调查了一些案例——足有上万件，从中抽取了两千件具有代表性的案例进行研究。她在信息时代的人们身上发现了一些令人不安的变化，比如一位叫作科尔的科技作家的自述：

"我很痛苦，因为自己不再像从前一样喜欢思考了。特别是在阅读的时候，我感觉一切都在退化。从前，全身心地融入一本书或长篇文章是很容易的事情，但是现在我已经不是这样子了。有时我准备了很长一段时间要读一本书，泡了咖啡，关掉了手机，甚至关上了窗帘，但坐在那里只看了两三页，注意力就无法再集中了。我开始焦躁，越发焦躁，总想找些别的事去做，比如打开手机、电话，去浏览网页，去看看世界各地的新闻。为此我几乎把电脑上的软件全部关闭，强制性地让自己不能上网，付出百倍的努力想让自己回到书本。但不管怎么样，阅读都成了一个异常艰苦的过程。"

一位作家尚且如此，在普通人身上发生的变化就可想而知了。为什么会发生这样的变化呢？是我们的大脑在拒绝思考吗？是由于信息太便捷、太直接了吗？从某种程度上而言——是的，但并不绝对。归根结底，是由于我们的思维习惯被改变了，对此我们缺乏抵抗力，也没有保持警惕。

如今的人们已经习惯了互联网的世界，不需要再动脑思考，只需要上网搜索、浏览就能找到自己想要的所有信息。像"百度知道"这样的功能，你对任何问题感到疑惑，都可以上去提问，几分钟后就有人回答。如此一来，自己的思考还有什么意义呢？大脑决定减弱这种功能，由此将自身的思维逻辑寄托于互联网另一端的陌生人，从他们那里直接获取答案。

互联网已经是人们再好不过的助手了，只要输入几个字，就能找到他们所需要的准确信息，而不用花大把的时间在图书馆检索。还有附加的功能，我们还可以娱乐。大量的娱乐信息让人的大脑养成了更强硬的习惯。人变得更加沉默，大脑也长时期地处于闲置状态。

这种潜移默化的影响是致命的，互联网成了最主要的信息载体，它开始部分地取代人的大脑。等同于与大脑之间建立了一条虚拟的连接通道，我们不再绞尽脑汁地思考那些在过去常为我们带来麻烦的事情了。

我们的大脑说："那太麻烦！"不是吗？你在潜意识里一直这么想。

错误的接受方式——跳跃式与选择式的接收信息

麦康娜告诉我："现代媒体不仅是被动地提供给我们信息渠道，而且在传输资源的同时也在改变我们思考的模式。换句话说，它们提供了新的思维，以及建立了新的思维的方式。在这种新的模式下，人们对信息的接受就开始变得盲目和冲动起来，总是跳跃和有选择地接收信息，缺乏逻辑性。"

在史无前例的互联网变革中，人们在习惯上早就适应了，心理上却从未适应。对过去几千年间习惯了纸张和书本的人们而言，高速的网络提供的信息太过海量了，速度、数量以及即时的特点都让人无法集中注意力，也难以深度思考。

这时，人的大脑对信息的处理方式也逐渐变得"网络化"——高速传送、接收，不再细细品味，也不再谨慎地审视。

信息："开门，我要进去！"

大脑："门已经不在了。"

思维："我对信息全盘接收，但只选择我喜欢的、刺激感强的。"

在一次培训课上，斯坦利也对坐在台下的思科公司的员工给出了一个形象的比喻："在昨天，我们习惯于在文字的海洋中潜水，但今天，却都在奔腾的信息海洋上冲浪。这既代表着蓬勃发展的未来，也喻示着我们大脑的不幸。"

跳跃和选择式的接收信息，具体的表现是什么样的？

1. 思考方式的变化：倾向于直接和新鲜感

这样的变化显然不止发生在卢汉和科尔的身上。我在上海出席一次互联网论坛时，几位资深的报刊编辑对我说，他们曾经酷爱读书，每年都制订阅读几十本书的计划，但这两年来，已经完全放弃了阅读纸制书籍。"到底发生了什么，我为什么如此倚赖网络了？我的思考方式为何发生了这么大的变化？难道只是因为方便，或者是因为这个世界的变化太快了？"

他们反映说，在信息的接收过程中，大脑的第一需求就是直接和新鲜。越能以最快的速度给他答应，他就越喜欢哪一类信息。这说明，大脑明显变懒了，也更有娱乐的倾向，正在逐渐失去本该具有的严肃性。

2. 失去了长篇阅读的能力

在深圳一家公司上班的小周给我写来邮件，他讲述了互联网如何改变了他的思维习惯。第一个改变就是阅读的习惯发生了变化。他说："现在我已几乎完全丧失了阅读稍长一些文章的能力，而且不管是在网上，还是在纸上。"

小周的思维呈现出了一种"片段式"的特性，这充分反映了人们在上网快速浏览多方短文时的典型习惯。长篇阅读是不可接受的，超过几千字就让人焦躁，坐立不安，只能进行片段式的阅读，比如我们无法在网上通篇阅读《百年孤独》这样的名著，只能像随笔那样阅读短文，然后接收碎片化的信息。

正如斯坦利所说的："人们在海量的信息时代失去了这个能力。即便是一篇超过了三四段的很短的文章，也变得难以吸收了。大多数时候，就只是简单地扫一眼罢了。"然后呢？半小时的时间就能让我们忘记。信息如同流水，在大脑中流过，却留不下深刻的印象。

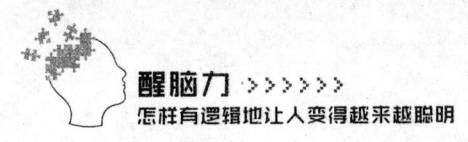

3. 海量浏览，然后快速得出结果

上面的两种特殊的阅读和思考习惯正在得到越来越多的验证，最明显的表现是——我们接收信息时只是为了用最快的速度获知"结果"，而不是享受体验信息的过程。对此，我们进行了 6 年的研究，调取了多达 90 个学术类网站的日志，对访客的行为进行了分类和抽查，还用打电话、发邮件的方式与他们每个人进行了交流。

调查结果显示：访客们都喜欢在网站上"匆匆掠过"。他们尽管在短时间内浏览了大量的信息，却总是从一篇文章"跳跃"到另一篇进行浏览，甚至同时打开数个网页，这个看一眼，那个看一眼，而且几乎不会看自己已经访问过的文章。

通常的习惯是，人们在打开一篇文章以后，基本上读上一两页，然后就马上转到了别的网站。记住什么了吗？有的访客说，他们有时会把自己喜欢的长篇文章保存到收藏夹，作为一个标记。但也没有证据显示他们会回头再读。对更多的收藏信息，他们第二天就完全忘记了。隔上几个月整理收藏夹时，才突然发现："哦，原来还有一些文章我没有看。"实际上，在这期间他们又在别的网站搜索过完全一模一样的信息，却根本记不起来自己早就把它收藏在电脑中了。

这很明显，错误的接收方式让我们告别了对信息的传统接收方式，却没有建立起更好的习惯。一种简单到极致的习惯已经无比强大：人们在标题、内容页和摘要间进行着平行式的"海量浏览"，为的就是可以很快得到结果。但是思维能力呢？它却正在悄然退化，变得脆弱与愚笨。

我们的注意力去哪儿了

　　麦康娜和一些学者都认为——包括我的咨询机构的咨询顾问们，互联网的迅捷和内容丰富带来的一大副产品就是扰乱我们的注意力，让人无法专注于某个事物。注意力不再专注地为大脑服务，而是成了信息的奴仆。

　　比如现在的人们已经习惯了同时写邮件和打电话。本来大脑无法如此迅速地转移注意力，应该先写完邮件再拨出一个电话，但长期在互联网世界养成的"一心二意"导致了这样的后果——"我可以一边上网，一边工作，一边还能煲电话粥！"这是诸多白领的体验，也是他们正在做的事情。

　　后果呢？可能和吸烟一样危险。麦康娜一直是我们的传播学顾问，她警告说："当一个人的注意力越发分散，沉溺于那种走马观花式的认知，你可能更容易沦为介于人和机器之间的半成品。这种半成品的本质是什么呢？就是无思维动物。不是从来不思考，而是由互联网代为思考。"

　　两个关键点：

1. 海量信息的出现，反而让人变蠢了。

2. 注意力丧失后，思维能力也就逐渐退化了。

　　人们总在讨论互联网的优势，比如父母们觉得教育变得容易了，过去需要

在图书馆苦苦搜寻才能得到的信息，现在的孩子只需要轻轻点一两下鼠标就能得到了。一位家长说："以前总是跑书店，给孩子买一大堆书。现在根本不用了，上网查资料就行了，动漫、童话故事、学前教育，应有尽有，还有视频教学。"他认为这是优点。

但现实并非这么简单，研究数据显示，孩子们并没有如家长期望的那样定时访问教育网站——他们大多去了社交类网站，去交朋友，聊一些废话，讨论游戏的主人公谁的本领更大。每天的信息很多，到了庞杂和巨量的地步，相比起在知识海洋里畅游，孩子们更喜欢的是沉溺于这些没有助益的信息之中。

在这样的环境中成长起来的人，根本没有办法保持足够的注意力来读完一本书。甚至于，他们可能无法用心领会一首诗的含义。你问他惠特曼是谁时，他的反应是茫然无知的。在信息海洋中培养出来的一代人，是变得更聪明了，还是更愚蠢了呢？

更可怕的是，在如此多的信息之中，他们的注意力逐渐地被抽丝剥茧，而且丧失殆尽。在成人的世界里，这一点当然就表现得更为明显。上班族在工作时忙于微信，下班后又着急加班，把白天欠下的工作做完。每时每刻都在做自己不应该做的事情，完全陷于一种肤浅和无序的生活。

确立"醒脑思维"

我们知道，利用信息进行的有组织醒脑其实是有规律可循的。从本质上讲，它就是利用外部的影响力和信息的渗透性，向大众灌输他们的目的性思想，以达到操控者的目标，比如广告营销等，无不遵循这一程序。

在这一过程中，对信息的分类、包装和植入是重中之重，也是伪醒脑者的拿手好戏。要将一种理论植入他人的头脑，就必须用信息作为载体，类似于植入电脑病毒的过程，你在下载、接收某些信息时，它便会乘虚而入，改变你的思维逻辑，让你接受一个特定的观点、价值观或者某种品牌的商品。

醒脑的最高境界是运用"隐秘说服词汇"和"催眠语言模式"——对全世界的营销者来说，这可是两条基本的醒脑逻辑，在不知不觉中入侵人们的内心，让被施洗者心悦诚服地接受"打包目标"，心甘情愿地成为某一思维或价值体系的奴仆，或为某些商品买单。

一旦我们了解到了醒脑的原理和手段，就能够从本质上全面地了解醒脑对信息的利用手法，看到醒脑术的弱点。接下来，就可以针对自身所处的环境，来设计一套有效的醒脑策略——重要的是，要为自己建立"醒脑思维"，从头脑接收信息的源头杜绝外界不良信息的渗入。

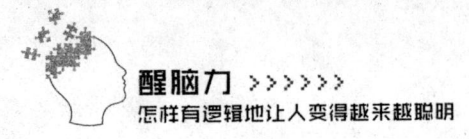
第一，信息筛选原则

确切地说是，你要改变自己的信息接收逻辑，把跳跃与选择式的接收模式转变为"计划性的接收"。对于海量信息，首先要学会根据自己的目的进行分类，制订计划，然后依据每一个步骤去循序渐进地收集资料，归类信息，最后进行分析。只有这样，才不至于在如此之多的信息中迷航，成为被醒脑的对象。

第二，是非的判断

这需要对比分析。对信息进行对比分析，甚至比审视信息的来源更加重要。你要先明确地判定一条信息背后的价值观是什么，判断它代表的是非，然后确定自己的立场。你要明白且清晰地坚持正确的原则，而不是连是非观都被外界灌输。

第十章
一切关系都是博弈

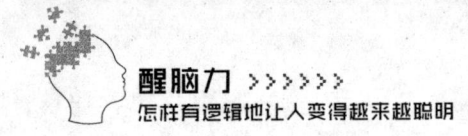

关系学就是博弈学

斯坦利送他的女儿去上音乐培训课。那儿还有两个女孩，以及一个可爱的玩具。那种玩具到处都有，制作得也不是很好看，没什么新鲜的。但这三个孩子却都希望独自占有它，于是矛盾便出现了。

三个女孩为了争夺这个玩具，互不相让，气氛越来越紧张。斯坦利和另外两个家长达成默契，先不干涉，看看她们三人怎么分配。一开始，她们都想说服另外两个小伙伴把玩具让给自己，结果效果当然不理想。最后三个人干脆动手打架，斯坦利的女儿占了优势，动用武力把玩具据为己有了。

这时，迫切需要家长介入。斯坦利从女儿手里把玩具拿了过来，交给了培训老师。他说："既然你们都想要，那就谁也别要了，交给老师吧。"

一个玩具，却有三个女孩争着要。这时博弈就产生了，互不让步的结果就是没有人能得到这个玩具。造成的后果是：其中一方的心理不能得到满足；另一方的感情也有疙瘩。这个玩具让三个女孩的关系变得非常差。可以说，三方都受到了损失，愿望都没有实现，剩下的也只能是伙伴关系的不和或者冷战，从而可能会对她们之间的感情造成不良的影响。在这个培训课上，她们三个就成了敌人。

所有的关系都是博弈。为什么我这么说？人从来到这个世界开始，一切生存活动都是在对世界、对社会提出要求。当你提出要求的一瞬间,博弈就产生了。因为你提出要求, 就意味着有人得做出让步, 满足你的要求。

人们的生存要求不外乎想要达到三个目的:

1. 我得到: 更好的物质和生存条件;

2. 我满足: 各方面的需求;

3. 我实现: 各种各样的目标。

当一方不断地提出要求, 但另一方却只能不断地让步时, 这时出现的就是 "负和博弈"。就像这三个女孩争夺一个玩具的过程一样。从中我们不难看出, 关系中的 "负和博弈" 使各方交锋的结果是都没有得到自己想要的东西, 或者总有一方得到的小于失去的, 结果就是博弈失败, 因为是两败俱伤。这种 "负和博弈" 是我们尽量要避免的思维模式, 因为这种博弈只能加大我们与世界、与别人的矛盾, 增加别人对我们的抵触情绪, 即便你获得了一些东西, 也可能会失去更多。

假如我们也和这三个女孩一样, 在社会关系中产生 "负和博弈" 的结局, 或者只运用 "负和博弈" 的思维去面对世界。那么在通常情况下, 我们都会因为两败俱伤而与别人不再交往或者与自己有关系的人反目成仇, 这一定是你不愿看到的结果。

因此, 你必须明白关系学的本质就是双赢博弈, 而不是对抗, 也不是 "负和博弈"。博弈的目的是双赢, 而不是双输。基于这一点去思考, 你就发现了一切人际关系的逻辑基础, 并且能够快速找到自己的思考原则。

■ 你要学会的——引导对方;

■ 你要明白的——博弈并不都是对抗;

■ **你要警惕的——不要随便破坏博弈均衡。**

当有人向我请教用什么样的思维去经营自己的人际关系时，我通常都会告诉他两点原则：第一是博弈，就是建立博弈思维；第二就是底线博弈——只要在保证自己一方能获得最大利益的同时，还能做到不挑战对方的底线。

总的来说，博弈思维并非单纯的对抗思维，它也包括合作。这正是关系学的精华，也是建立成功关系的根本。

要让自己永远看清事实。我们的生活、事业以及一切与生存有关的东西，都是一种底线博弈。我们要将自己的思维纳入底线博弈的逻辑，并且在这个过程中尽可能地让自己的理性持续更长的时间。

成功关系的基础：双向需求

一种成功的关系，不只是需要我们被动地满足对方的需求，还需要对方满足我们的需求。简单地说，就是彼此之间必须可以互相进行"自我实现"，才能建立稳固和健康的关系。人际关系如此，工作关系也是这样的。

■ 适应需求——目标要求我们；

■ 提出需求——我们要求目标。

就像我们运用经济学去分析人的就业问题时，总是会先分析人的供给和社会需求的总量与结构是否达到了平衡——如果供给的总量大于需求的总量，那么失业必然存在，因为总有一部分是剩余的，他们找不到工作；当供给结构与需求结构进一步失衡时，就既会让失业加剧，同时又出现供给的结构性短缺。也就是说，这时有很多人找不到工作，又有很多公司招不到员工。

那么这时该怎么办呢？传统的思维是发展经济并以此增加需求的总量，同时又对人们进行培训，通过教育、引导等方式来提高人们的就业技能，让他们找到工作，也让他们适应新的需求。

但是，传统思维在解决这些问题时，只看到问题的一个方面，却忽视了另

外两个重要的原则：

第一，我们不仅仅是"经济人"，还是"社会人"；

第二，我们不仅仅有物质的需求，同时还有精神层面的需求。

亦即说——人与社会的需求是双向性的，人们不仅要找到工作，社会不仅要实现就业，公司不仅要招到员工——这三者之间还存在双向的需求，需要互相满足。这就使问题变得更加复杂了，而且这种复杂性并不是我们人为添加的。其实它是这个世界一直现实存在的，是由于人和社会的思维复杂性决定的。

现实中的每个人都有很强的可塑性，他们可以适应许多事物。但无论人的可塑性有多么强大、适应性有多强，并不等于说他们就能适应任何一种极端的生存状态，满足任何一种极端的需求。因为人的正常需求是有一定范围的，他们无法通过特定的培训来满足一切需求，并委曲求全地来对世界妥协。只有理解了这一点，我们才能明白为什么公司已经做得很多了，员工却仍不满足；老板已经妥协很多了，员工却仍然会提出更多的要求，看起来好像有点得寸进尺。

洛杉矶的科恩先生为何与公司发生了矛盾？

他在考虑问题时哪个方面出现了问题，才导致双方不可调和的斗争？

这是我去年接触到的一个案例。科恩在一家公司已经工作了 5 年，他非常努力，归属感也很强。管理者对他当然也很"够意思"，每年都超出标准给他增加薪水，并提升他为部门主管。但在第 5 个年头，双方的甜蜜关系还是被打破了。

科恩提出："我已是公司的元老，希望能获得公司的一些股份，成为股东。"

公司回答："没有这个先例，对此不予考虑。"

按照规定，公司可以把优秀雇员的薪酬增加到很高的程度，但却不会给任何一名员工股份。这既是规定，又是对员工的要求：你们不要有非分之想。但科恩却不这么想，他的事业规划并不是仅仅成为一个听话的打工者，他还有成为"老板"的需求。他对公司缺乏理解，公司对他也缺乏足够的认可因此就没有可能来为他打破这个规定。因此，双方的矛盾立刻就激化了。

结果就是，科恩在自己即将进入第 6 个年头时选择了离开。公司也毫不客气地与他解除了合约，没有做任何挽留的举动。这就是双向需求的平衡被打破以后的结果之一：当需求平衡失去后，双方没有调整的意愿，人的自由意志就成了主宰，思维的独立性和不可预测性就表现了出来，这是靠传统的观点无法解决的。

人的正常需求是生存下去并生存得很好，比如找一份工作，一份收入较高的工作，或者买一栋房子等。但人类在几百万年的进化过程中还形成了一些更高级的需求，那就是自我实现的需求，他们不仅仅是"经济人"，还是"精神的人"。他们需要友爱、诚信、正义、公平以及自我实现等。

你可以试想一下，如果人类仅仅是"经济人"，下面的情况还会出现吗？

1. 为何有些人的生活变得富裕了，却有了更强烈的自杀的冲动？这种思维的根源来自哪里？

2. 为何很多穷人却有更高的幸福感，他们从哪些地方体验到了比富人更多的幸福？

3. 为何有的人宁愿选择收入较少但比较自由的工作，也会放弃那些收入较高但限制却比较多的职业？

4. 为何有些人喜欢冒险创业，承担巨大的风险，也不愿意去坐在舒服的办公室每月领取没什么风险的高收入？

要回答这四个问题，关键词就是"精神的人"和精神层面的需求。它们都与人的正常心理需求之外的高级需求是否获得满足有关。因此，我们要全面认识一个人的思维层次，就必须在正常需求的基础上，去纳入高级需求，然后再看看是否可以实现双向满足。

发现需求的起点

需求并不是终点，而是一个至关重要的起点。一旦发现了需求（不管是你的还是对方的），后面的事情就好办了。因为你面对的问题就只有一个：

"是否满足这种需求，以及如何满足？"

就产品的研发来说，无论什么样的产品，如果你不把它推向市场，那么它就称不上是真正意义上的产品。为什么这么说呢？因为它没有经过需求的验证，没有回到需求的起点，去实现我们建立"客户关系"的目的。这就是为什么我们在分析客户时一定要分析他的需求，倾听他的需求，而不是只顾着向他介绍自己产品的原因。

在企业的经营中——做市场分析和用户调研时，你会经常看到很有趣的一幕：产品经理们付出百倍的努力，经过了一系列的研究和市场调查，发现了一种市场需求巨大、用户都十分欢迎的产品。更重要的是，看起来好像没有什么竞争对手，完全可以在不久的将来让这种产品垄断市场，成长空间很值得期待。

他们一边在会议室讲述，一边是兴奋之情溢于言表。但实际上，聪明的老板永远不会相信没有竞争对手这么一回事，也不会给这些产品经理完全的信任。很多时候往往是因为他们在搜集信息的时候忽略了一些关键的问题，或者是市场调查工作不够全面，根本就没有及时地发现竞争对手的影子。

让他们万万没有想到的是——既然需求如此之广，怎么可能只有我自己看到了商机，别人却还蒙在鼓里呢？永远不要相信有这等好事。否则，我们在对需求进行预测和对用户进行调研时，就将无可避免地掉入自己设置的陷阱——我们不由自主地夸大了需求。

需求必须是真实的，同时也需要考虑到对手的存在。满足了真实的需求，我们就建立了一种客户关系。同时你要考虑到我们的博弈关系：对手一定存在，看不到他是因为他藏在背后，但不管怎样，他是真实存在的。虽然大多数时候我们感觉不到危险，但从逻辑思维的源头，就必须把他纳入其中，了解市场的动向、用户的诉求和对手的成长，这样的客户需求分析和市场调研才具有意义。

在硅谷上班的博恩是一位 IT 工程师，也是我多年的朋友。他是一个非常关注用户的人，他有一个有趣的习惯：时常会去谷歌等搜索引擎输入"为什么"三个字。因为大部分搜索引擎都有自动关键词的智能提示，因此立刻就可以看到以"为什么"开头的一些热门问题。

他说："我通过搜索引擎的用户行为去分析市场和用户需求，一直以来都卓有成效，而且不得不说，这真的是一个让人称赞的做法！"对此我也有同感，当你懂得去了解"为什么"的问题时，你就真的找到了需求的起点，发现了人们当前正在思考的问题——这有助于你看到市场的真相，探索人们都在想些什么，明白他们到底想要什么。

最后的问题就非常简单了：想一想用什么方法来满足他们。

怎样调查需求

问卷的方式排在第一位。虽然到处发问卷的行为看起来太古老了，而且经常漏洞百出，比如收到的答案不一定代表真实的心声，也可能是一帮无聊的家伙在嘲弄我们。但它的成本太低了，效果还可以，所以时至今日，它仍然是最

值得采用的调研方法。

发出大量的调查问卷，利用足够数量的人员去搜集信息，研究需求，还是能够获得一定的答案的。关键是你如何设计题目来保证被调查者在大部分时候说出的话是真话，而不是随意填写，否则就会南辕北辙，让你被错误的信息所误导。

你看到竞争对手了吗

你必须对竞争对手进行分析，现在的、潜在的、未来的，统统不要放过。千万不要小看竞争对手的存在——或许现在你仍然没有看清他们，也需要把他列为重要的竞争对手，用尽量多的时间来对他进行分析。

这一要求包括你要对别人的失败或者成功的经验同时进行调查，竭尽全力做到详细的了解，从中总结出值得参考的东西。

为什么竞争对手会失败？是因为他们对需求的理解有问题，还是因为市场的确饱和了？是他们的策略有问题，还是他们找错了用户？把每一项都记录下来，针对自己的情况做出预防。即便你不存在这些问题，也要逐一进行比对，小心翼翼地对待这一问题总是没有错的，或许能在关键时刻挽救你的事业。

在与对手的博弈中败下阵来的人，大多是粗心大意的人。他们不是忽略了对手的存在，就是志得意满地不在乎对手。就像那些无比乐观的产品经理，实际上，只有当其一败涂地时，才豁然明白原来自己从一开始就错了。

对于方案的关注——如何满足需求

■ 帮助自己尽快确定一种原则：确保每个人在讲述需求时是基于相同的动机，这可以让需求的条件尽可能相似，才能制订有效方案。

■ 你要时刻准备应对突发情况的挑战，想到一切会发生变化的因素，并更新自己的信息。这当然也包括别人发起的挑战，以便优化自己的方案。

■ 通常在我们只有一种方案时（哪怕是最佳的方案），最容易受到意外情况的挑战。因此，你从一开始就应该多准备几套方案，针对不同的需求灵活变动，来保证自己的方案总是最佳选择。

■ 使自己的方案被认可与引导需求同等重要：你要有效地引导人们同意你的看法，特别是在方案中要满足不同关系的需要，平衡他们的利益。你要精心地将市场、客户、同人与团队的利益全都装在一个篮子里，实现每个人的预期需求。

■ 提前的准备工作：和自己的"队友"一起工作，做好沟通，共同准备，避免他们对你的想法一无所知。

■ 善用数据：你要了解和关注自己可能用到的所有数据，因为这是专业度的体现，绝对不可马虎。

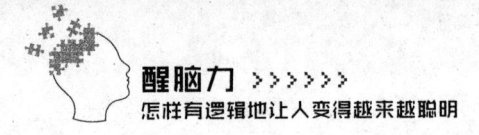

别再依赖因果逻辑，虽然它很重要

我在新一期的逻辑思维培训营也就是费城西部的凯尔光子大厦参加启动仪式时做了半小时的发言，其中针对部分学员的要求，重点提到了因果逻辑对人们思维的不良影响。我先问了他们几个问题，请学员们回答与分析。

1. 假设原因是确定的，为何我们现实中仍然孜孜不倦地追求和验证结果呢？

2. 假设因果逻辑是唯一的关系，为何我们总是在得出结果后会大吃一惊，只是由于它完全不符合自己的预断？

3. 假设我们抛开因果逻辑去分析不同的事物，能不能得出不同的认识？如果能，这又意味着什么呢？

我建议人们先将思维从沉溺了几十年的因果关系中解脱出来，彻底摆脱它对观念的束缚，再去思考和分析相关的问题。到最后你可能突然发现：在现代的信息社会，可能相关关系要比因果关系对思维的影响更大。

比如这个案例——在 19 世纪的英国，据说勤劳的农民至少有两头牛，而好吃懒做的人通常没有牛。这是一个现象。于是，有位勇敢的改革家就向政府提出了一个建议，给每个没有牛的农民两头牛，从而使他们勤劳起来。

我们当然很容易看出这位改革家的建议是十分荒谬可笑的，怎么可能给了农民两头牛，他们就能从此变得勤劳了呢？只要智商正常的人都可轻易地看穿这个荒诞的逻辑。改革家犯下的错误就是过度依赖了因果关系。

因为勤劳的农民至少都有两头牛，所以有了两头牛就可以变得勤劳了？至少他是这么认为的。

诚然，因果联系是世界万物之间普遍联系的一个方面，也可以说是最重要的一个方面。对此我们无法否定。某一个（或者某一些）事物、现象的存在、发生，的确会普遍地引起另一个（或另一些）事物或现象。这时，我们就说前者是原因，后者是结果。这有什么错误吗？没有，完全正确。对规律内的因果关系，我们的重要任务就是纳入正常的思维轨道，靠捕捉这种关系来改善自己的生活，顺便造福于大众。

然而，问题恰恰就出在这里——当你迷信这种定律时，所有的关系就突然变得扑朔迷离了——如同进入了黑洞的视界，时空发生了逆转，规律被扭曲发生了断裂，因为你会看到越来越多的意外：因果关系可能在很多时候是不符合实际情况的，正如同上面的案例。

我们要在绝大多数时候成功地判断两个事物或现象之间是否存在因果关系，并不是一件很容易的事情。虽然它普遍存在，但是并不是任意的两个现象之间都存在因果关系，也并不是任何时候都适用于因果关系。即使存在这一关系，要成功地判定这二者谁为因、谁为果，恐怕也要付出相当大的努力。这并不是轻易就能判定的。

对此，我们要从因果关系的共存性和先后性说起。字面上的解释：共存性是指原因和结果之间在时空上总是相互接近的；先后性则是指一般来说，原因总在结果之前发生。注意，只是一般性，不具有普遍意义。可能你在生活中遇到的多数情况均如此，但不代表每一种情况均完全吻合。这里存在的逻辑漏洞就是介于"多数"和"全部"之间的缝隙，遗憾的是，总有人不小心掉进这个

缝隙之内。

正是因为这种多数情况下存在的共存性和先后性，才增加了我们辨认因果关系的困难，迷惑了相当一部分人。因为并非只有原因和结果之间才具有共存性和先后性，相关性的不同信息之间，也存在这种看似因果性的逻辑。只不过，它们往往在表面上披了一层因果逻辑的外衣。

你上当了吗？假如仅仅根据这两种关系就判定因果关系是否存在，你就会犯下致命的逻辑错误。请相信我！你每天至少会犯两到三次类似的逻辑错误，没有人可以例外。

1. 先后性未必就是因果关系：尽管因果关系往往具有多数意义下的先后性，但是具有了这种特点，未必就是因果关系。假如你据此判定后者就是果，前者就是因，你就掉进了这个逻辑陷阱，后面的一切分析都将是错误的。你犯的逻辑错误越早，后面得出的结果就越荒谬。更有趣的是，直到最后你可能仍对此深信不疑。

打个比方说吧——闪电总是在雷鸣之前发生，但是闪电是雷鸣的原因吗？未必。它可能是雷鸣的原因，也可能不是。因为雷鸣时未必有闪电，闪电时也未必就有雷鸣。两者只有一个共同的原因：带电云块之间的碰撞。

再比如——春天总在夏天之前，但是夏天呢？它并非是春天的结果。不会因为春天没来，夏天就不出现。在很多地区，冬天的时间很长，往往持续到三四月份，然后夏天突然就来了。

更有说服力的例子是关于猫头鹰与病人的——民间传说重病患者在临死前经常会有猫头鹰飞进院子，因此认为猫头鹰是不祥之兆，只要猫头鹰出现，就预示着病人就要死了。但实际上,病人的死亡并不是猫头鹰引起的。后者不是因，前者也不是后者的果。

相反，病人本身才是因，因为病人在临死前，躯体往往已经开始出现轻度的腐烂，他的身体散发出的这种气味吸引了猫头鹰。也就是说，正确的因果关系是颠倒过来的，病人垂死是因，猫头鹰飞过来是果。

2. 倒因为果的逻辑错误：现实中，原因和结果具有共存性。在很多情况下，它们两者同时存在，也不可分割。也就是说，人们其实并不知道何者是发生在前的，何者发生在后。所以就非常容易犯倒因为果的错误，误把结果当成原因。

比如那位英国的改革家，他所犯的错误就是这种类型——本来牛的数目增加是辛勤劳动的结果，前者是果，后者是因。但是改革家的认识却颠倒过来了，他认为牛的增多可以消除懒惰，把牛的数目当成了因，将农民的勤劳当成了果。于是他就认为，只要我们配给农民足够数目的牛，他们就会变得勤劳。

再看下面这道题目：

有一家保险公司近来的一项研究表明：那些在舒适工作环境里工作的人比不在舒适工作环境里工作的人的生产效率要高出 25%。这表明，日益改善的工作环境可以提高工人的生产率。这么叙述是没有错误的，但下面的四项结论，你认为哪一项是正确的？

1. 平均来说，生产率低的员工每天在工作场所的时间比生产效率高的员工要少；

2. 舒适的环境比不舒适的环境更能激励员工努力工作；

3. 舒适的工作环境通常是对生产率高的员工的酬劳；

4. 在拥挤、不舒适的环境中，同事的压力影响其他员工的工作。

这一测试讲出了我们在现实中经常倒果为因的问题。你可以分析一下这道题目的论证过程，比如：研究发现，工作环境越舒适，则工作效率越高。那么工作效率和工作环境的舒适之间有共存性，它们是正相关的，但属于因果关系吗？从这里，其实我们只能得出工作效率和工作环境相关的结论，却无法证明它们之间是否存在因果关系，也不能推断出谁是因，谁是果。再来看后边，如果仅从二者的共存性就得出结论，认为工作环境是工作效率的原因，那么就过于武断了。所以，当你需要反驳这一论证时，只需要指出其他的结论中二者之间也可能存在相关性就可以了。

因此，正确的答案是3。我们只能认为，舒适的环境是优秀员工的酬劳，这是他们应得的。当你建立这种思维逻辑时，你就知道如何应对下属对改善工作环境的要求了。你可以要求他们先提高自己的工作效率，再视情况决定是否给予他们更好的环境。

为什么现实生活中会有那么多人容易轻信谣言？因为大部分谣言正是利用了人们对因果逻辑的依赖——因为……所以……它们挖下了类似的陷阱，只要你相信了"因"，就一定会接受它们分析出来的"果"。

但是，一般而言谣言总存在两类错误：第一类是事实错误；第二类则是逻辑错误。在更多的时候，它们二者是混合的。对事实错误，我们很容易发现和验证。但后一类则比较难办，因为逻辑问题总是非常隐蔽的。它藏在我们的大脑深处，在内心的小格里子，属于思维的秘密，难以一眼看穿。

所以，对因果关系的逻辑分辨和运用，总是需要我们付出更多的努力。这就要求你增加自己的阅历，提高思维的深度。随着思考经历的丰富，你也就变得越加冷静了，不再会轻易地掉进别人设好的逻辑陷阱之中。

让头脑进化：从一维到五维

前几年有一部叫作《星际穿越》的科幻片在全球热映，成为一时的票房冠军。就像导演诺兰在他的上部名作《盗梦空间》中对思维与梦境关系的探索一样，他又提到了一个科学上很著名的概念：时空维度。

在一维世界，在二维世界，在三维世界，在四维世界，在五维世界，人们想到的和看到的东西都大有不同。一维世界的生物无法理解二维，二维世界的则理解不了三维。每增加一个维度，就意味着时空概率、思维与视角提升了一个级别。

比如蚂蚁的体积和重量之小，在我们看来就是二维生物。它只能沿着地面走一条线，而且对它来说线的曲直完全没有意义，因为它是没有空间概念的。它不但理解不了三维时空，甚至对距离也缺乏明确的认知。因此，蚂蚁的思维模式就是一条道走到黑，不会变通，也无法探索这个世界。

当我们在现实中（工作和生活的每一个角落）围绕一个特定的事件产生新观点、开拓了新视野的时候，我们的头脑就开始了进化的旅程——我们的思维可以从一维进化到二维、三维，直到达到五维乃至更高。

这意味着我们在对思维的提升中，需要思考自己人生中的所有关系——关系是我们思维的支点，是我们在这个世界存在的符号和成长的意义。你必须使

用一种没有拘束的规则，让自己更加自由地思考，进入到思想的新区域，然后才能产生很多的新观点和问题解决方案。

不管是你自己的思考还是群体会议、工作讨论，当你有了新观点和想法时，就鼓足勇气大声地说出来，与世界（同人）分享信息，刺激在大范围内进行讨论。等待他人提出更新的观点，或者从世界接收反馈，继续建立新的观点。这就像盖楼一样，让思维的时空不断扩大，增加维度；让头脑变得更强大，让智慧更富有张力。

在公司的会议中，我对属下说："我们要群策群力，要用集体的智慧，要彻底解决问题；我们坐在这里不是为了扯皮，也不是为了消耗共有的资源，因此，我们要真正释放头脑。在这里，所有的观点都会被记录下来，所有的想法都不会被批评；我们的头脑需要不断进化，我们只要开始讨论，就要掀起一场风暴。直到它结束的时候，我们才对这些观点和想法进行评估。请相信，我们每个人都会在每天的进化中受益无穷！"

我的下属受到了最大限度的尊重。他们是公司议题的参与者，也是拥有无限思考权的智慧的源头。我一直希望他们敞开心扉，使各种设想在相互碰撞中激发出一场真正的持久的创造性风暴，让每个人都达到五维的头脑，拥有理性与创造性合二为一的思维和较为严谨的逻辑。

在头脑的进化中，一种策略是直接进化：在群体讨论中应尽可能地激发创造性，产生尽量多的想法与观点，把所有的创意累加起来进行分析，得出最好的看法；一种策略是质疑进化，即对第一种策略中提出的所有设想、方案、思维进行逐一的质疑、审视、批判与论证，在对比中淘汰，在淘汰中找到唯一的、最好的那一个，得出一个最具有现实可行性的方法。这两种策略结合在一起，就可以实现集体的思维进化和头脑提升了。

第一，确定问题

好的头脑进化总是从定位问题开始的。首先，你需要对问题进行准确的阐述；其次，你要清楚地知道问题的性质和可能影响的范围。

所以，你必须先确定一个目标（在思考、会议与讨论开始之前），使参与者明确地知道将通过这个过程要解决的问题，并为此做好思想准备，进行头脑资源的调度——收集已知信息，做出初步备案。同时，你不要限制可能的解决方案的范围，不要提出任何束缚性的规则。

一般而言，比较具体的问题可以让我们较快地产生设想，对讨论也较为容易控制。而趋向于宏观和抽象的问题则比较麻烦，它需要更多的时间来开发大脑，提出具有创造力的想法。

第二，思维的准备

为了使头脑的开拓具有较高的效率，取得较好的效果，我们需要为此做足准备，比如收集信息、阅读新闻、准备材料，然后公示这些东西，让每个人都接触到这些信息，对思维进行预热；让人们以最快的速度了解问题，在开动大脑前就了解相关的背景材料和外界动态。

就像在公司开会时，管理者一定要在开会之前的一个小时内，对所要解决的问题要做到了解、熟悉——保证参会者也享有同等待遇。你不能与一部分人共享信息，而对另一部分人却关闭信息的大门，因为这会造成严重的后果——参加讨论的部分让人摸不着头脑，完全不知道你们在说什么，就没有办法提供新的角度，甚至会有被歧视和隔离之感，引发团队内部的矛盾。

讨论的场所也要适当准备，比如可以进行适当的布置，把座位排成圆环形的，摆上一些鲜花，尽量避免教室说教式的氛围。前者对激发人们的思维更为

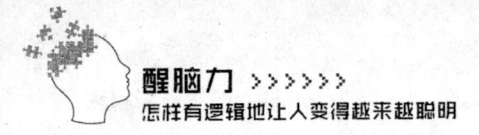
有利。另外，务必保证讨论时人们的心情是愉快的、思维是活跃的，避免大家坐在教室却没心情发言的窘况发生。

第三，确定成员

小会议以两三人为宜，较大的讨论则一般以 8 ～ 12 人为合适。请控制在这个范围之内——发言的人数不能超过 12 人，否则过多的信息和思维会扰乱决策者的头脑。你将面临一个新的难题：我如何综合这么多的角度与观点？

成员人数太少了会不利于交流信息、激发思维；但如果人数太多了则不容易掌握和控制讨论的节奏。人数太多的话还有一个恶果：每个人发言的机会就会相对减少，思维的激发可能只进行了一半却发现自己已经没有表达机会了，这非常不利于新想法的提出，也不利于最终的决策，还会影响到讨论的气氛。

第四，思维的明确分工

讨论时对角色必须进行明确的分工，比如需要一名主持人，还有必要的记录人员。主持人可以是你自己，也可以安排那些你最信任并且最理解你想法和意图的执行者，由他来在讨论中维护秩序、安排主题，启发引导和掌握讨论的进程。

对思维激发的进展情况以及对一些新想法的归纳和延伸，则必须由你自己来主导。你要及时地在他们发言的基础上提出自己的设想，活跃会场的气氛，或者让人们安静地思考某一关键议题。

记录者的角色也非常重要——他应将人们的所有设想都及时地记录下来，最好当场就标注在一些醒目之处，而且要让所有人都可以看清，然后据此进行更有价值的思考、讨论和决策。

第五，思考的时间

时间由主导者把握，不宜在一开始就规定一个"死时间"，而应灵活掌握。但一般来说，时间不能过短，也不能过长，维持在 30 分钟左右最佳。时间太短了会让人们有仓促和不尽兴之感，不能畅所欲言；时间太长了，则容易使人产生疲劳感，并对此讨论感到索然无味，影响思维的结果。

我的经验表明，那些创造性较强的设想一般要在会议开始的 10 ～ 15 分钟后逐渐产生，并在 25 ～ 30 分钟时达到高潮，此时是最容易产生最佳决策的时间段。所以，一个好的讨论过程，最好安排在 30 ～ 45 分钟之间，不宜超出这个范围。

除了时间以外，思考的方式也要特别注意。你必须保证人们都站在一个客观的立场上，并拥有一个共同的动机。用一句话说就是：不能各怀心事。

第六，自由的头脑

讨论者不应该受到任何框架的限制，也不应完全遵守世俗观念的条条框框。所有人都应放松、释放思想，让自己的思维在这一段时间内自由地驰骋。人们要从不同的层次、角度和方位展开大胆的想象，尽可能地让自己与众不同，提出自己具有独创性的观点。

不要怕哗众取宠，只要感觉思维是自由的，即可随意表达。

第七，禁止批评

在思维和讨论的过程中，绝对禁止批评。这是头脑进化时我们应该遵守的一个重要原则。参加讨论的每一个人都不得对别人的设想提出有针对性的批评意见，或者故意与他过不去。因为这种批评对创造性思维的伤害常常是巨大的，无疑会抑制人们的表达欲望。有的人在开会时特别喜欢批评同事的观点，或者

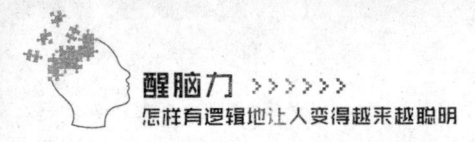

冷嘲热讽，或者出言不逊，或者说一些事不关己的风凉话。对这类参与者，应坚决把他踢出你的团队，不要与这类人建立合作关系。这种关系对你只有负作用，不会有正面的建设。

值得一提的是，也不要轻易地自我否定。很多人习惯在上司和同事面前用一些自谦之词来表达观点，这种态度同样会破坏思维的活跃度，影响氛围，压抑自己的创造力和表达欲望。

第八，追求一定的数量

我们进行头脑进化（会议讨论）的目标是获得尽可能多的设想，数量应该越多越好。这是我们所要追求的。数量多代表着可参考的信息多，方案也多，提高了找到最佳决策的概率。因此，参加讨论的每一个人都要抓紧时间多思考，多提出自己的设想，以供管理者参考。

至于这些想法的质量问题，不应该是人们担忧的。它们的作用是激发决策者自身的思维，以便拿出一个合理的最终方案。从某种意义上来说，设想的质量和数量是密切相关的。我们在创意讨论的过程中产生的设想越多，从中可以发现的创造性的设想可能就越多，进而可获得比较理想的效果。

原则：

■ 思维提升的实用价值：必须易于操作和执行，要通俗易懂，并且具有很强的记忆性，让自己和别人很快就能掌握这一方法。

■ 团队合作永远是第一位的，即你要非常具体的表现出自己擅长集思广益的思维能力，以及从团队智慧中提取最佳方案的嗅觉。

■ 不仅是你自己的，开拓每一个人的思维，让所有人共同进化，掌握最有效的思维方式，这是我们的目标。

◼ 在规定的时间段内批量生产灵感，并将灵感转化为理性思维的结果，这需要我们付出耐心，更需要具备坚毅的意志力。也就是说，可以相信灵感，但必须依赖意志力。

◼ 拥有七维头脑的好处是，你还会和往常一样遇到各式各样的难题，但你不再恐惧它们。

◼ 你的态度将变得举重若轻，熟练掌握了激活自己头脑风暴的策略。这时你将不再孤独，也不再需要一个人冥思苦想，而是与宇宙的灵魂建立了连接，从宇宙中汲取最本质的思想，并能保证它是正确的。

◼ 提升你自己和团队的创造力，这是非常关键的部分。你要让团队的头脑因你而越来越好用，锻炼每一名成员的思维，从而使团队持久地强大下去。

◼ 从今天开始，更加自信地思考，因为你会发现自己居然能如此有"创意"，且考虑到了方方面面的问题，这不是昨天的你可以比拟的，你已经获得了思维的升级。

◼ 发现和培养有创造力的人才，让他们来帮助你。你要做的就是相信他们，给他们更广阔的空间。

◼ 搭建一个良好的平台，为自己、为你的团队成员，也为所有的人提供一个能激发灵感和改善思维的环境。哪怕是在你自己的卧室和书房中，你也要这么做。

◼ 良好的沟通氛围永远比什么都重要，这有利于使每一个人放松，然后大胆地讲出自己的想法——不管对错如何，总能提供尽可能多的信息。

◼ 使你自己可以更高效地解决问题，养成这样的习惯，然后在这个过程中看看思维是否有明显的改善。

写给每一个读完此书的人

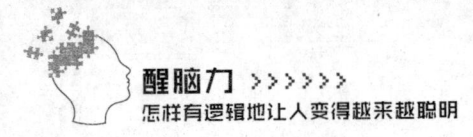
阅读完这本书，它的意义究竟何在呢？

我发现自己也经常在思考一个问题：我向人们传授的思维技巧究竟是思维的正能量，还是限制与束缚了人们思维的工具？很多时候，这的确是一个难题，但它同时也是一个机会。就像这本书，我们可以从中看到一些参考的标准，同时又不会失去自己"原生"的判断力。

假如有足够的冷静、理性与智慧，我相信你从本书中一定能学到这四点：

1. 灵活地使用逻辑。

2. 理性地参与辩论。

3. 坚守正确的常识。

4. 敢于质疑权威，提出自己的主张。

这四点几乎是我们社会生活中的全部思维通道。我们运用逻辑思维，参与辩论表达观点，赢得尊重；我们坚守原则，按常识做事，同时捍卫自己思想的独立。成为聪明人是所有人的志向，但问题是——"聪明人"很多时候是一种假象。看起来聪明的家伙，实际上却可能是个笨蛋；而那些表现愚笨的人，本质上却可能十分精明。

这源于现实中的人们对逻辑思维有着太多的误解。人们每天都在学习如何思考，这不用人教导或督促，我们每分每秒遇到的每一件事都在反映一些现实的思维技巧或思考的结果。在这个过程中，我们或者进步了，或者受到了愚弄。

这并不是说传统的思维逻辑根本没有用，而是想告诉你——逻辑思维既是一种智慧，又是一种技术。它和打游戏、打拳击、写作或发言一样，进场多练习才是关键。坐下来阅读这本书，从书中汲取知识，的确是系统学习思维逻辑的有效方法，也是认清自己的优势和发现缺点的办法，但却不是我最想推荐的方式。

最有效的方式是走出去锻炼自己的思维，去在思维的竞技场进行博弈，去思考社会的关系，去在管理与被管理中成长，当然也包括想清楚"我到底需要什么"这样的深层次动机。如果只是看书，你是永远学不会一种正确的思维方式的。你只能坐在沙发上，百无聊赖地用它打发时光罢了。

其次，你可以进行一些测试（正如本书的最后我送给你们的），但只是做题也没有真正的用处。我希望这些题目可以起到一把钥匙的作用，帮助你打开一扇窗户。在窗户的外面，你能看到广阔的如大海般的思维世界——那里有巨型的大浪，有微小的浪花，也有令人恐惧的幽谷和黑暗。

我们都不知道真正智慧的逻辑是怎样的，但我们却可以选择走进去，到里面去游泳。我们通过实战练习的不只是一种技巧：如何在给定的时间内寻找到一种快速解法，找到答案？不，逻辑思维的范围比这个要广。我们需要在漫长的岁月中、在青春的成长或中年的老去中积累成熟的判断力、及时的洞察力和敏锐的反应力，以此让过去的每一天都变得更好，而不是只能待在床角憧憬明天。

到最后，我们可以发现：逻辑思维不是储存在保管箱中的知识，你可以在任何时候随用随取。你可以把它扔在里面很长时间，仍然能确定它独属于你？

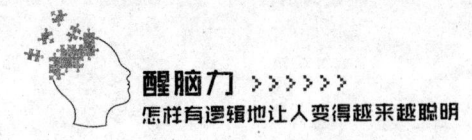

答案是否定的。逻辑思维具有快速和无情的"进化特点"。你今天忽视乃至蔑视它，明天它一定会用极为冷酷的方式给你沉重的打击。甚至一个不算复杂的问题，都能让你付出惨痛的代价。

记住我的话，并且记住本书的建议！